共同缔造

美好环境和幸福生活

张立群◎主编

中国建筑工业出版社

图书在版编目（CIP）数据

共同缔造美好环境和幸福生活 / 张立群主编 . 北京：中国建筑工业出版社，2024. 6. -- ISBN 978-7-112-30038-9

Ⅰ. F327.63

中国国家版本馆 CIP 数据核字第 2024GC9336 号

责任编辑：唐　旭　吴人杰
文字编辑：高　瞻
责任校对：赵　力

共同缔造美好环境和幸福生活
张立群　主编

*

中国建筑工业出版社出版、发行（北京海淀三里河路 9 号）
各地新华书店、建筑书店经销
北京雅盈中佳图文设计公司制版
天津裕同印刷有限公司印刷

*

开本：787 毫米 ×1092 毫米　1/16　印张：$12^1/_4$　字数：228 千字
2024 年 7 月第一版　2024 年 7 月第一次印刷
定价：120.00 元
ISBN 978-7-112-30038-9
（43157）

前言

美好环境与幸福生活共同缔造，是住房和城乡建设部自2017年以来在全国推广的开展城乡人居环境建设和整治的重要工作方法。其基本做法是以城乡社区为基本单元，以改善群众身边、房前屋后人居环境的实事、小事为切入点，以建立和完善全覆盖的社区基层党组织为核心，以构建“纵向到底、横向到边、协商共治”的城乡治理体系、打造共建共治共享的社会治理格局为路径，发动群众“共谋、共建、共管、共评、共享”。共同缔造活动激发了人民群众的积极性、主动性、创造性，改善了人居环境，凝聚了社区共识，塑造了共同精神，提升了人民群众的获得感、幸福感、安全感。

湖北省红安县是住房和城乡建设部最早开展“美好环境与幸福生活共同缔造”试点的地区之一。本书回顾了共同缔造工作在红安县柏林寺村试点、红安县推广、湖北省和全国推广的历程，结合中国城市规划设计研究院共同缔造试点案例总结了相关经验与做法。全书按时间线索和阶段，分为探索篇、深化篇和推广篇三个部分。

探索篇（第1至4章）主要回顾了在住房和城乡建设部的指导下，中国城市规划设计研究院技术团队在红安县柏林寺村开展共同缔造试点工作的探索。从转变各方工作理念、动员村民参与开始，到以村民为主体开展环境卫生清理、厕所与排水渠改造、创办老年食堂并持续运营，到初步形成共同缔造长效机制，取得了阶段性成效。住房和城乡建设部在红安召开了现场会，逐步总结和推广共同缔造经验与做法。

深化篇（第5至7章）重点阐述了在柏林寺村共同缔造探索的基础上，共同缔造在红安县进一步深化应用的情况。红安县先后出台了《红安县美好环境与幸福生活共同缔造工作方案》和《红安县乡村振兴阶段打造美好环境与幸福生活共同缔造升级版工作方案》两个文件，深入推进美好环境和幸福生活共同缔造工作，助力乡村振兴。总结提炼出了“真发动、广参与，低投入、见成效，建机制、管长效，新阶段、新升级，可复制、可推广”的共同缔造红安经验。

推广篇（第 8、9 章）分析了共同缔造工作思路与方法在湖北省和全国的相关实践。湖北省黄梅县和大冶市、安徽省潜山市、贵州省黎平县、新疆阿克苏乌什县等地区的案例，展现了美好环境与幸福生活共同缔造的多样应用场景与效果。

本书以中国城市规划设计研究院参与组织的共同缔造相关工作为轴线，所涉及的内容仅是众多的美好环境和幸福生活共同缔造试点和实践中的点滴，深度和广度有限，权当抛砖引玉。

目录

/

深化篇 红安经验渐成

/

推广篇

共同缔造经验的推广

探索篇

柏林寺村示范

第 1 章 工作背景

1.1 脱贫攻坚要从扶贫到扶志

1.1.1 脱贫攻坚总体要求

新中国成立以来，中国共产党带领人民持续向贫困宣战；改革开放以来，我国先后实施了《国家八七扶贫攻坚计划（1994—2000 年）》《中国农村扶贫开发纲要（2001—2010 年）》《中国农村扶贫开发纲要（2011—2020 年）》；党的十八大以来，中央把扶贫开发工作纳入“四个全面”战略布局，作为实现第一个百年奋斗目标的重点工作，摆在更加突出的位置。截至 2014 年底，中国仍有 7000 多万农村贫困人口，这部分贫困人口的贫困程度较深，减贫成本更高，脱贫难度更大，因此中央决定打赢脱贫攻坚战。

2015 年 11 月，中央扶贫开发工作会议在北京召开。习近平总书记强调，消除贫困、改善民生、逐步实现共同富裕，是社会主义的本质要求，是中国共产党的重要使命。全面建成小康社会，是中国共产党对中国人民的庄严承诺。2015 年 11 月 29 日，《中共中央 国务院关于打赢脱贫攻坚战的决定》正式发布，确定脱贫攻坚的总体目标是到 2020 年，稳定实现农村贫困人口不愁吃、不愁穿，义务教育、基本医疗和住房安全有保障。实现贫困地区农民人均可支配收入增长幅度高于全国平均水平，基本公共服务主要领域指标接近全国平均水平。确保我国现行标准下农村贫困人口实现脱贫，贫困县全部摘帽，解决区域性整体贫困。采用精准扶贫的方式，按照扶持对象精准、项目安排精准、资金使用精准、措施到户精准、因村派人精准、脱贫成效精准的要求，使建档立卡贫困人口中有5000万人左右通过产业扶持、转移就业、易地搬迁、教育支持、医疗救助等措施实现脱贫。

1.1.2 开展对口扶贫工作

在脱贫攻坚中，根据中央单位定点帮扶结对安排，住房和城乡建设部定点帮扶湖北省红安县、麻城市和青海省西宁市湟中区、大通县。住房和城乡建设部高度重视定点扶贫工作，将定点扶贫作为一项重要的政治任务深入推进，部党组持续深入学习习近平总书记关于扶贫工作的重要论述，成立由部主要负责同志任组长的部扶贫攻坚领导小组，研究制定《关于做好“十三五”期间定点扶贫工作的通知》《定点扶贫三年行动计划》以及年度帮扶计划等系列文件，创新组团帮扶机制和部县联席会议制度，多措并举支持定点扶贫县脱贫攻坚工作。时任部主要领导强调要充分发挥行业优势，凝聚行业力量，以高度的责任感和使命感，认真落实各项帮扶举措，助力定点扶贫县高质量打赢脱贫攻坚战。

1.1.3 扶贫同扶志、扶智相结合

2017年习近平总书记在十八届中央政治局第三十九次集体学习时强调，要注重扶贫同扶志、扶智相结合，把贫困群众积极性和主动性充分调动起来，引导贫困群众树立主体意识，发扬自力更生精神，激发改变贫困面貌的干劲和决心。

为贯彻落实习近平总书记的重要指示，探索激发贫困群众内生动力的可复制、可推广的经验，2017年住房和城乡建设部将红安县柏林寺村大塘黄格湾、麻城市石桥垸村、西宁市湟中区黑城村和大通县土关村4个村确定为试点村，开展“美好环境与幸福生活共同缔造”活动示范。组织中国城市规划设计研究院（以下简称中规院）、中国中建设计集团、中国建设科技集团、北京建筑大学4家单位分别驻村帮扶，帮助4个村建立“共谋、共建、共管、共评、共享”的乡村治理机制，激发基层干部与贫困群众脱贫攻坚与乡村振兴的内生动力。

授之以鱼不如授之以渔，开展共同缔造的试点工作，旨在革新工作方法，形成一批可复制、可推广的经验。在住房和城乡建设部的领导下，中规院担纲柏林寺村共同缔造工作，规划技术团队长期驻场柏林寺村，前后历时近五年时间，做了大量探索性、开创性的工作。

1.2　红安县和柏林寺村概况

1.2.1　红安县概况

红安县，隶属于湖北省黄冈市，位于湖北省东北部，大别山南麓、鄂豫两省交界处，东邻麻城，西接黄陂区、大悟县，南连新洲区，北靠河南省新县，县城距省会武汉 80 千米，车程 1 小时左右。

红安县总面积 1796 平方千米，下辖 10 个镇、1 个乡，另设有 1 个茶场、1 个管理处、1 个开发区。根据《红安县国土空间总体规划（2021—2035 年）》，红安县将构建“绿屏育三脉，田园润双城”的国土空间开发保护总体格局。近年来红安县积极构建“两高两铁”“三纵五横”大交通格局，畅通内外交通联系，京九高铁经县城并设站、沿江高铁红安段等重大项目取得积极进展，园阳快线、麻竹高速红安段建成通车，全县公路路网密度达到每百平方千米 178.45 千米，在全省率先实现农村客运“村村通”。

红安县初步形成以先进制造、文旅康养、现代农产品加工、建筑家居、服务业为主导的现代产业体系，2023 年全县完成地区生产总值 260.16 亿元次产业结构为 14.26：42.49：43.25，人均地区生产总值 52336 元。红安县 2023 年末总户数 20.82 万户，户籍人口 62.54 万人。常住人口 49.71 万人，其中城镇人口 24.93 万人，城镇化率 50.16%。

红安境内山川秀丽，人杰地灵，曾养育了理学奠基人、北宋时期著名的哲学家程颢、程颐，明代思想家李贽，现代著名的翻译家、文学家叶君健，历史学家冯天瑜，经济学家张培刚等一大批名臣学士。

红安是革命老区，大革命时期，这里打响了黄麻起义第一枪，诞生了红四方面军、红二十五军、红二十八军三支红军主力。为了中国人民的自由和解放，红安人民不惜抛头颅，洒热血，牺牲了 14 万英雄儿女，登记在册的革命烈士就有 22552 人，牺牲之重、贡献之大，全国罕见。在这块红色的土地上，诞生了董必武、李先念两位国家主席和陈锡联、韩先楚、秦基伟等 223 位将军，红安是举世闻名的“中国第一将军县”。

1.2.2　柏林寺村基本情况

柏林寺村位于红安县七里坪镇东南部的浅丘陵山区，距离镇区 17 公里，距红安县城约 25 公里，距武汉市约一个半小时车程，属于典型的“远郊型村庄”。全村辖九个村民小组、15 个自然湾，共有 416 户、1607 人。首批试点村大塘黄格（湾）户籍 120 户、530 人，人口大多外出打工，常住人口为 121 人，以中老人为主，平均年龄在 62 岁左右。村民主要经济收入来自务工，农业收益主要来自于水稻、花生种植和少量猪、牛、鱼养殖。自然村原有贫困人口 42 户、131 人，2017 年底贫困户全部脱贫。大塘黄格以黄姓家族为主姓，村落周边分布大小 8 个水塘，村民背山面水而居，自然环境优美（图 1–1）。

（1）人口“老龄化”“空心化”现象明显

柏林寺村属于典型的“空心化老龄村”，村庄 60% 以上的村民选择村外工作居住（图 1–2），村内 60 岁以上老人占人口比重达到 19%，40~60 岁人口占比达到 41%（图 1–3）。

（2）观望等待，村民建设主动性不强

村庄规划建设中，村民的主体意识不强，“等、靠、要”的思想比较严重，普遍存在等待观望情绪。

图1–1　柏林寺村航拍图

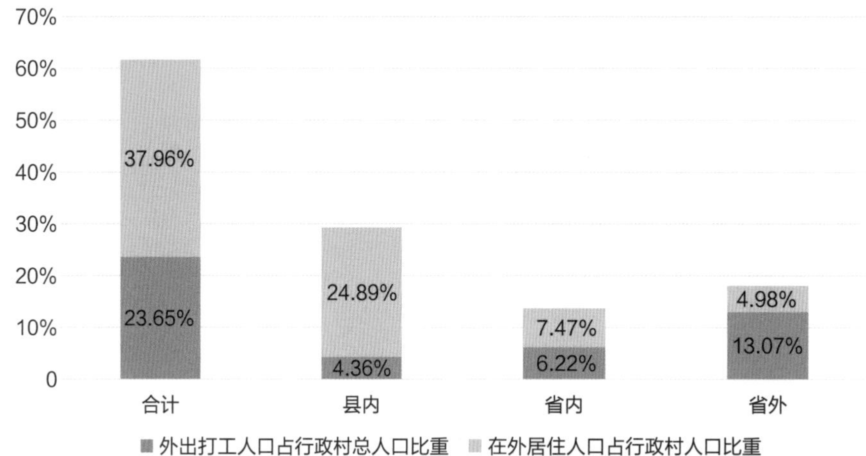

图1-2　柏林寺村人口外流统计

（3）沟通不畅，村落凝聚力不强

共同缔造开展之前，村支部书记常常感叹“村里办事形不成合力”，无论是环境维护还是产业发展，村民各自为政，不愿协作办事；村民经常抱怨村庄问题不能及时解决，缺乏有效反映问题的途径。

人口年龄结构构成

60岁以上，271，19%
40-60岁，565，41%
20-40岁，227,16%
20岁以下，327，24%
60岁以上　40-60岁　20-40岁　20岁以下

图1-3　柏林寺村人口年龄结构

（4）机制欠灵活，资金缺乏统筹

以前村庄建设主要靠政府推进，村庄被动接受改造，村民较少参与村庄建设，在一定程度上影响了设施的后期维护。同时，支持村庄建设的涉农资金缺乏有效统筹，容易造成浪费。

（5）基础设施存在短板，乡村风貌有待提升

通过美丽乡村建设，村庄基础设施逐渐完善，但在污水排放及处理、化粪池建设、垃圾收集处理和池塘水质净化等方面仍存在短板，村内局部存在过度硬化、景观园林化等问题，破坏了村庄乡土风貌（图 1-4）。

红安县柏林寺村作为以传统农业为主，没有突出特色资源和明显区位优势的普通村庄，所面临的空心化、老龄化、村庄治理结构松散、人居环境有待改善提升等问题，具有较强的普遍性和代表性，因此以柏林寺村为代表进行共同缔造的实践，对于量大面广的普通村庄具有借鉴意义。

图1-4　柏林寺村村容村貌

1.3　他山之石

1.3.1　广东云浮“美好环境与和谐社会共同缔造”试点

广东省云浮市 2010 年率先开展“美好环境与和谐社会共同缔造”试点工作，在城乡环境改善、社会治理方面进行了综合性改革探索。

（1）试点背景

云浮市地处粤北山区，山多田少，人地关系紧张，这要求云浮市在城市发展过程中必须实现高效集约用地，以确保城乡发展的可持续性。同时云浮市也具有独特的生态环境优势，森林覆盖率高，是西江水源保护区和广东省生态屏障，如何正确处理城乡发展建设和生态环境保护的关系，形成自身的特色和优势，是必须解决的问题。再者，云浮市城市规模有限，带动辐射力相对较弱，而农村人口众多，城乡发展不均衡的问题较为突出，因此城乡统筹发展是推进城乡发展建设和谐稳定有序发展的必要条件。

在这样的背景下，云浮市大力开展“美好环境与和谐社会共同缔造”行动，旨在通过政府发动、群众参与的方式，实现“共谋、共建、共管、共享”，推动经济、政治、文化、社会和生态文明建设的全面协调发展。

（2）主要目标

坚持科学发展理念，探索以人为本的发展方式，通过“美好环境与和谐社会共同缔造”行动，将云浮建成“健康、生态、幸福的宜居城市”。加强生态文明建设和人居环境建设，引导健康幸福的生活方式，发展健康和生态产业，形成低耗高效的生产发展方式，使经济效益、生态效益和社会效益互相促进，相得益彰，实现人与自然和谐共生、经济社会全面进步、人民安居乐业，把云浮建成“值得作为故乡的城市”。

工作推动上，围绕“共谋、共建、共管、共享”四大理念，坚持“以人为本”的发展理念，坚持全面、协调、可持续的基本要求，坚持统筹兼顾的根本方法，坚持“人民城市人民建，人民城市人民管”的建设理念，做到“让发展惠及群众”“让生态促进经济”“让服务覆盖城乡”“让参与铸就和谐”。

（3）工作框架

一是，以“三规合一”为手段推进各类规划在空间上实现整合。以资源环境承载力和建设的适宜度为依据，以实现城乡空间合理布局和区域协调发展为目标，通过调控城乡发展空间布局，实现资源环境城乡区域的统筹发展。二是，以培育健康幸福的生活方式为主题提供舒适的户外活动空间。完成城区步行道规划，建设与机动车交通系统相分离的步行交通系统，完成城区自行车道规划，设立环城自行车道，并与步行系统相衔接，形成城区慢行交通系统，以步行及自行车慢行交通系统为依托，完成绿地系统规划建设。三是，以山水特色为优势营造具有亚热带风貌的宜居城市。开展“显山露水”工程，推进山水特色城市建设，引导和鼓励市民进行屋顶及阳台绿化美化改造。四是，以生态慢行绿道系统为载体推动健康产业的发展。规划建设生态慢行绿道，将现有的自然景观、人文景观、生态农业示范区、特色村庄（社区）以及规划建设的和谐宜居示范村（社区）连为一体，营造人与自然和谐的绿色生态环境。五是，以探索以人为本的发展理念发展循环生态低碳经济。坚持走生态文明之路，大力发展循环经济，推进低碳经济发展；通过技术创新、资源整合，推动产业高端化发展，加快建设清洁能源基地和低碳化城市公共服务系统，实现经济发展与环境保护双赢。六是，以营造和谐共享的社会氛围为目标均等配置优质的公共服务。包括促进教育均等化，促进公共卫生均等化，加快基层公共文化设施网络建设和加快完善城市供水、供电、排污等基础设施，完善城乡基础设施建设。七是，以和谐宜居示范村（社区）为抓手强化基层组织建设。坚持“政府引导、群众主体、共建共享”，建立“以奖代拨”的资源配置机制，发挥群众积极性和创造性，引导村（居）民自治，增强村（居）委的凝聚力，推进基层组织建设。八是，以“三网融合”为平台推进公众参与提高公共服务水平。“三网融合”即大力推进电信网、广播电视网和互联网融合，持续改善信息化公共服务，缩小城乡、区域的信息服务差距，为民众参与公共事务管理提供良好平台。

（4）取得成效

云浮市开展“美好环境与和谐社会共同缔造”行动以来，在城乡面貌改善、生态环境质量提升、社会和谐稳定和经济发展方式转变等多个方面都取得了显著成效。

首先，云浮市的城乡面貌焕然一新。通过加强城乡规划建设、推进基础设施建设、改善人居环境等措施，云浮市的城乡面貌焕然一新。城市慢行系统、绿地网络建设等项目的实施，为市民提供了更加健康、环保、安全的出行方式和生活环境。

其次，生态环境显著改善。云浮市通过实施一系列生态环境保护措施，云浮市加大对生态保护和修复的投入，积极推进生态建设工程，有效改善了当地的环境质量，$PM_{2.5}$ 等污染物的年均浓度持续下降，空气质量得到明显改善。

再次，社会和谐稳定，“共同缔造”行动显著加强了社会治理和公共服务体系建设。调动了群众的积极性与主动性，引导群众参与基层治理当中，形成了共建、共治、共享的社会治理格局；通过加大公共服务投入，提高了公共服务水平，增强了人民群众的获得感、幸福感和安全感。

最后，促进了经济发展方式转变。通过推进产业结构优化升级、加强科技创新等措施，云浮市成功实现了经济发展方式的转变。同时，云浮市还积极引进绿色产业和清洁能源项目，推动当地经济向绿色、低碳、循环的方向发展。

（5）持续推动

在前期完整社区、美好环境与和谐社会共同缔造工作的基础上，云浮进一步把共同缔造的思路与方法推广应用到乡村振兴领域。为激发广大群众参与乡村振兴的积极性、主动性、创造性，激活乡村振兴内生动力，探索乡村振兴新路子，

2018年云浮市人民政府办公室印发《关于实行竞争性“以奖代补”激发群众参与乡村振兴的指导意见》的通知（云府办〔2018〕33号）。

指导意见明确，在乡村振兴工作中，要以自然村为单位实行竞争性“以奖代补”项目建设，充分调动群众开展乡村振兴项目建设的积极性和主动性，凝聚社会力量和资源，激活乡村振兴内生动力，让乡村振兴成为全市上下的共同行动，建立共建、共治、共享、机制，走出符合乡村发展规律、具有云浮特色的乡村振兴新路子，进而实现乡村产业振兴、人才振兴、文化振兴、生态振兴、组织振兴。

首先是要激发群众参与。坚持共同缔造理念和方法，深化共同缔造行动。对“以奖代补”建设项目，要做到决策共谋、发展共建、建设共管、效果共评、成果共享，多方研究讨论，听取群众意见建议，遵循群众意愿，共同做好项目建设和管理，建成以后由镇（街道）党委（党工委）组织广大群众进行评议，并建立长效的管护机制，由群众共同管理、维护和共享，形成共建共治共享机制，实现“美丽云浮，共同缔造”。

同时，坚持把提高群众素质、促进农民全面发展作为根本，把提高群众素质与“以奖代补”项目建设与乡风文明、社会治理等有机结合，建立自治、法治、德治相结合的乡村治理体系，努力培育与社会主义核心价值观相一致的文明乡风、良好家风、淳朴民风，促使村民素质与乡村振兴共同成长，乡风文明与物质文明共同发展，激发广大群众参与乡村振兴从“要我建”向“我要建”转变，从一次参与到多次参与、持续参与转变。

进一步规范“以奖代补”流程。明确以奖代补的类型，包括农村建设项目、社会治理项目、乡风文明项目、产业发展项目和群众服务项目。文件要求乡村振兴建设项目不再采用EPC“打包”的“一体化”建设方式。对100万元以下的土建工程、50万元以下的村内道路硬底化、雨污分流管道、公共服务设施、垃圾收集点和垃圾屋建设等工程量小、技术要求不高等建设项目，采用“以奖代补”方式建设，以自然村作为实施主体，经“村民民主商议”、村民代表会议表决通过，由自然村（村民小组、村集体经济组织、村委会）组织农民工匠承接实施，降低项目建设成本，增加农民收入。坚持做到公开公正。在“以奖代补”项目选择、实施方案编制、申报、建设等各个阶段，要将项目建设规模、建设内容、项目投资、奖补标准、项目进展、支出明细、验收质量、项目决算等情况，在行政村、自然村村政务公开栏和现场公布公示，接受村民代表大会、自然村项目建设理事会、自然村乡贤理事会和群众监督。

1.3.2 美丽厦门，共同缔造

（1）工作概况

“美丽厦门共同缔造”基于对党的十八大重大战略部署和习近平总书记系列重要讲话精神，坚持以人为本的发展理念，以《美丽厦门战略规划》为引领，以群众参与为核心，以培育精神为根本，以奖励优秀为动力，以项目活动为载体，以分类统筹为手段，着力共谋共建共管共评共享，统筹推进经济、政治、文化、社会、生态文明建设，实现让发展惠及群众、让生态促进经济、让服务覆盖城乡、让参与铸就和谐、让城市更加美丽。

美丽厦门共同缔造行动共经历了三个阶段：一是试点探索阶段。2013 年 7 月，市委、市政府下发了创新社区治理试点指导意见，分别选取思明区和海沧区城市新社区、城市老旧小区、外来人口集中小区、村改居社区、农村社区等若干不同类型的社区进行试点，探索创新社区治理的路径方法，打造了曾厝垵、小学社区、海虹社区、兴旺社区、西山社区等不同类型的社区治理创新典型。围绕大造声势、广泛宣传美丽厦门共同缔造，全市共计发放宣传资料 140.5 万份、征求意见表 45.5 万份，召开征求意见会 2575 场，进村入户征求群众意见达 14.5 万人次，收集意见建议 12.1 万条。为共同缔造行动打下了良好的群众基础。

二是全面铺开阶段。2014 年初，市委、市政府全面推广社区试点经验，并确定思明区中华街道、滨海街道和海沧区新阳街道等为社区治理体系和治理能力现代化深化试点单位，探索创新社会治理模式。按照市规划、区统筹、街道治理、社区服务、独立单元（小区、片区、楼栋）自治的思路，理顺关系、厘清权责、完善机制。思明区梳理出城市新社区、老社区、村改居社区的治理模式；海沧区新阳街道梳理出“一核多元”的党建引领格局，探索转型社会治理、落地居民自治的新思路。

三是总结提升阶段。2015 年初，市委、市政府召开了全市社区治理创新总结推进会，总结表彰试点经验成果，明确了提升参与度、拓展覆盖面、形成机制模式等工作思路和努力方向。围绕构建“纵向到底、横向到边、协商共治”的城市治理体系，提出了“1+9”的“厦门实验”基本框架（1 份总指导意见和 9 份配套实施意见），确定了党建引领、转变政府职能、推进街道体制改革、基层民主协商、培育社会组织、深化两岸社区交流、创建平安和谐社区、推进智慧社区建设、培育共同精神等十个方面的调研课题，并制定出台十个相应的政策文件，梳理政府、社会、市民的关系，统筹各方资源和力量，努力实现政府治理与社会自我调节、居民自治的有效衔接和良性互动，在理论、实践和制度方面取得了新突破、形成了新成果，为全国推进社区和城市治理创新提供了新经验、构建了新模式。

（2）主要做法

第一，强化党建引领。一是积极创新党建引领的社区治理机制。健全社区党组织核心主导机制，强化社区党组织对社区发展规划制定、社区重大事务决策和社区重要工作部署的主导和引领。推行街道“大党工委制”和社区“大党委制”，促进区域内党组织之间的多向融合、联建共创，形成基层党组织领导、基层政府主导的多方参与、共同治理的城乡社区治理体系。二是建立社区党组织引导的“一核多元”协商共谋机制。拓宽党员群众参与社区事务的渠道，健全群团组织和党政部门参与社区治理的机制，以及社区党代表工作室机制，引导党员干部和中青年共同参与。探索建立社区党组织与小区业委会、物业公司负责人交叉任职制度，理顺关系、形成合力，促进社区和谐。三是健全党员在社区发挥先锋模范作用的服务机制。全面推行在职党员到社区报到制度，深入开展以“自主认领、供需配置”项目化运作为主要方式的“党员进村居，服务进万家”活动，搭建社区“党员之家”等平台载体，推动党员积极主动参与社区共同缔造。

第二，创新政府治理。一是简政放权，尽可能把资源、服务、管理放到基层。厘清政府职责与居民自治边界，厘清街道与区级部门、与社区的职责分工，开展简政放权和为村（居）“减负增效”，全市村（居）委会进行“减牌”，共清理 16790 块牌子，清理率为 60.3%. 全市相继出台了一系列文件，明确了社区准入的 180 多项事项，减除事项超过 30%，为社区事项办理提供政策依据。二是改进公共服务提供方式，提升服务质量和效益。实行“以奖代补”，推广政府购买服务。全市共实施“以奖代补”项目 1950 个，覆盖全市 326 个村（居），总投资 8.18 亿元，一大批公共服务设施得到提升优化。三是健全服务网络，让服务进家入户。创新“就近办、马上办”便民服务工作，使便民服务代办点覆盖全市所有村（社区），真正打通服务群众“最后一公里”。积极推进智慧社区建设，全市建立了跨部门、跨层级的信息共享与协同体制，实现了横向与市各部门业务信息的共享和协同，纵向实现“市—区—街—社”四级联动，形成“横向到边、纵向到底、社区全覆盖”的网格化工作格局。

第三，激发各方参与。一是搭建载体平台，吸引群众参与。从百姓身边的小事、房前屋后的实事做起，通过“以奖代补”的方式，让群众有意愿、有平台、有途径参与社区各项事务。全市群众义务投工投劳121499个工日，自愿无偿拆除旧房、猪舍等地块用于公益事业634907平方米，认管认养9804项（人），群众自愿捐款7227万元。二是培育社会组织，发动群众参与。建设社会组织孵化器，培育了一批社会组织，吸引大量居民参与，成为推动基层社会治理创新、促进社区和谐发展的骨干力量。目前全市登记备案社会组织3983个，平均每万人拥有社会组织10.5个，其中社区社会组织1534个。三是统筹各方资源，拓展群众参与。成立同驻共建理事会、社企共建理事会等各种组织和平台，着力解决资源分散问题，形成了共治合力。全市509个村（社区）中，成立镇、村乡贤理事会290个，发展理事会369个，村民议事会202个，社区党员和事佬等其他组织287个，同驻共建理事会232个，构建了多元参与社区治理的良好格局。四是完善制度机制，保障群众参与。在建立社区社会组织的同时，完善社区事务协调会、听证会和听评会等会议制度，健全楼栋和生活小区居民议事、小区居民自治等民主协商机制，探索建立新厦门人参与社区事务、在厦台胞和外籍人士参与社区管理，完善"三社联动"以及开展典范村（居）培育打造等机制，使群众参与更加制度化、规范化。

第四，塑造共同精神。始终把培育社会主义核心价值观，提高居民素质、塑造共同精神作为共同缔造的基础工作紧抓不放，切实提升居民的人文素养。一方面，培育共同精神，落细落小落实社会主义核心价值观。通过社区美好环境、特色文化建设，培育居民群众对社区的热爱之情和认同感、归属感；通过共同参与，促进居民相识相知、融入融洽，锤炼"爱国爱乡、勤劳节俭、遵纪守法、互信互助"的社区共同精神，促进新老厦门人成为"一家人"；通过共同参与社区治理，强化主人翁意识，推动群众和政府关系从"你和我"变为"我们"，居民行动从"要我做"变为"一起做"，社区建设从"靠政府"变成"靠大家"。另一方面，创建社区书院，打造市民精神家园。为贯彻落实习近平总书记"把社会主义核心价值观落细落小落实"的指示精神，探索创建了集学习教育、组织孵化、群众议事、文体活动于一体的社区书院。当地已建成1家市级书院总部、6家区级社区书院指导中心和201家社区书院，在书院的功能定位、场所设置、标识系统、课程资源、管理模式等方面形成了规范化标准和要求，建立完善了师资和课程资源库、信息服务网站、日常运行管理机制，构建起互联互通、资源共享的社区教育服务体系。市社区书院总部"中央厨房"已设置红色传承、绿色环保、品德修养等6大类近4300门系列课程，累计开课4600多门次，开展各种群众性活动23000多次，市民参与达52万多人次。社区书院已成为社区居民的精神文化家园，为凝聚居民群众提供了文化认同、道德共识和精神纽带。

（3）取得成效

美丽厦门共同缔造经过多年的实践，实现了由局部试点向全市推广、由重点突破向系统推进、由面上探索向深度拓展，由具体实践向机制升华，取得了明显成效。

一是美丽家园建设取得新成效。全市一半以上的社区都能以社区环境的改善和美化作为载体，激发群众共同缔造，居民群众累计自筹资金 2.23 亿元，义务投工投劳、出让边角地块、认领认养成为自觉行动，使社区的人居环境、各种基础设施都得到很大改善，群众的精神面貌也发生很大变化。

二是和谐社区建设焕发新活力。共同缔造使老居民普遍增强了对城市的自豪感和荣誉感，新厦门人明显增强了对社区的认同感和归属感，新老居民深度融合，在对社区服务管理不断提升满意度、自豪感、信任度的同时，增强了参与社区治理的紧迫感和责任感，纷纷加入各种志愿服务组织，为社区的文明创建争作贡献。

三是多元共治水平有了新提升。政府的思维习惯从“行政命令”转向“民主协商”，角色定位从“包办者”转向“引导者”“参与者”，从而为社会力量让渡了空间，既提高了政府的办事效率，又增强了社会活力。进一步完善基层协商民主制度，形成一套楼栋和生活小区议事、社会组织内部治理等机制，一些老旧小区通过居民和驻社区单位的民主协商、共同参与，破解了乱停车、占道经营、违章搭建等管理难题。

四是社区治理基础得到新加强。居民自发成立了一大批社区乡贤理事会、道德评议会、党员和事佬等内部协商议事和文体娱乐活动组织，以及同驻共建理事会、社企共建理事会、文创会、工作坊等组织。在扩大社会参与、协调利益关系、化解邻里矛盾、维护社会稳定、培育核心价值观等方面发挥了重要作用，夯实了社区治理的组织基础。我市的社区治理成果连续三届荣获民政部“全国社区治理十大创新成果奖”和“全国社区创新奖”。

五是城市治理体系进一步创新。围绕构建“纵向到底、横向到边、协商共治”的治理体系，市区两级先后出台和修订了 130 多部（项）有关社区治理比较系统的政策法规。正式启动全国首部社区治理地方性法规《厦门经济特区社区治理条例》立法工作，推广以村规民约、居民公约等为主要内容的城乡社区“软法治理”的“微法典”“微治理”经验，形成一套楼栋和生活小区议事、社会组织内部治理等机制，在全国率先实施多元化纠纷解决机制地方性法规，获评全国和谐社区建设示范城市。

（4）典型案例：厦门院前社从空心村到共同缔造示范村的转变

在“美丽厦门共同缔造”战略的引领下，海沧区青礁村院前社，这一曾因城市建设而面临拆迁的闽南传统村落，再度焕发出新的生机与活力，完成了从“空壳村”到“共同缔造典范村”的美丽蜕变。

院前社坐落于厦门市海沧区西南部，是青礁行政村所属的一个自然村，全社共有常住户 227 户、人口 754 人。近年来，随着土地征用与劳动力外流，村庄建筑损毁、集体经济衰落，闽台文化历史保护也受到严重挑战，一度被区政府列入村屯整体拆迁的议事日程。2014 年 3 月，在全体村民的共同争取下，该社成为“美丽厦门共同缔造”试点，并通过改善整体环境、发展合作经济、吸引青年回归等一系列行之有效的举措，将一个旧、乱、脏的古老村庄缔造成了一个具备历史气息又不失现代风味的经典闽台生态文化村。

完善治理构建。大刀阔斧将治理架构调整为村民小组、自治理事会、济生缘合作社和群团组织等四大组织，通过分工配合，协商统筹环境整治和村社发展。村民小组主要负责宣传发动，宣讲“美丽厦门共同缔造”的含义，征集村民意愿，协调处理和进行反馈；自治理事会主要负责决策和统筹，下设老人会、监事会、乡贤理事会，29 名成员均为村内有名望的党员、群众代表和热心公益事业的人员，并由村主任担任理事长。济生缘合作社负责集体经济发展，盈利回馈给村社进行环境管理、传统节庆、赡养老幼，促进可持续发展。群团组织包括团支部、妇女互助会及其他组织，各司其职，结合自身定位，推动相关工作开展。

制定整体规划。在市区两级政府的大力支持下，院前社制定了整体概念规划和风貌提升规划，将村社空间划分为城市菜地亲子园、特色餐饮区、农副产品展销区、文化创意街坊、田园滨水景观区、古厝文化展示区和商业配套区等 7 大功能分区，进行街巷路网机构调整，形成 2 街 7 巷 9 点的路网布局，设计了串联城市菜地、面线馆、大夫第、古厝群、凤梨酥工厂等重要节点的游览观光路线，并提出了包括水系治理、庭院美化、建筑修缮、道路提升、村社绿化和市政改善在内的六大专项整治计划。在规划制定过程中，规划师采取驻村工作模式，登门入户了解村民诉求，并召开“规划说明会”，和村民共同讨论公共空间、公共设施等关键问题，由现场 72 名村民代表进行表决，确保规划充分体现居民意愿。

整治村容村貌。以群众参与为核心，以房前屋后的大事小情为抓手，将共谋、共建、共管、共评、共享嵌入村民的日常生活。村两委成员带头发动亲朋好友共捐共建、募集资金；乡贤理事会入户动员村民走出“小家”局限，让位“大家”环境；政府“以奖代补”，通过资金、建材等多形式奖励，充分激发村民参与热情。据统计，整个村屯改造过程中，村民自发出让菜地、空地、猪舍、鱼塘等场所4800余平方米，投工投劳1000多人次，折合金额400余万元。清理出来的空间不仅拓宽了村社道路，还打造出精致的绿化景观。同时，该社以“美丽村庄，清洁家园”建设为契机，在村内放置300个垃圾桶，垃圾车每天早晚处置垃圾，仅用三天时间便完成了“垃圾不落地”，原本脏、乱、旧的古老村落转变为景色宜人的田园村庄。

发展集体经济。15个青年村民自发成立的济生缘合作社，模仿网上“开心农场”的做法，通过置换、租赁等方式，将传统菜地改造为“城市菜地”。合作社为“地主”提供种子、肥料、农具，并进行现场技术指导，如果“地主”没有时间，还可以选择半托管模式，由村民帮忙打理，收获的蔬菜定期送货上门。这一模式不仅使每亩土地的年收入由过去的最高3万元增长到现在的8万元，还带动了摘蔬菜、磨豆浆、识农具、烤地瓜等附属娱乐项目的发展，有效促进了村民增收。随着合作社的日益壮大，吸引了大批外地企业前来投资，如台湾的“凤梨博士”黄来裕，在当地开办了大陆首家凤梨酥观光工厂，进一步带动了观光旅游业的发展。通过整合城市菜地、保生慈济祖宫景区、古民居和对台文化交流等乡村休闲旅游资源，凤梨馆、陶艺馆、餐饮民宿等产业发展也风生水起，为村社提供了近200个就业岗位，促使了越来越多的外出务工者选择回乡创业就业。

第2章 夯实基础

2.1 技术团队理念转变

中规院是住房和城乡建设部直属科研事业单位，是全国城市规划设计研究和学术信息中心，始终坚持把为国家服务、承担科研和标准规范编制、承担规划设计咨询工作、为社会公益和行业服务作为核心职能。为了高水平完成柏林寺村美好环境与幸福生活共同缔造工作，探索和积累相关经验，中规院成立了院领导负责，职能部门联系协调，村镇规划设计、建筑设计、市政工程、景观设计、信息宣传等多专业组成的技术团队，协同开展工作。

中规院技术团队刚进驻柏林寺村时，在工作思路、工作方法上存在一定的惯性，习惯于熟悉的出方案、做汇报、修改完善后交成果的工作路径。技术人员普遍认为自己受过专业训练，又拥有一定的项目经验，在空间布局、功能组织、风貌审美等方面远高于村民，虽然在规划设计前期也征求村民意见、调研需求，但整体上还是以自身的构思、创作为主，村民的意见只是参考。中规院技术团队在工作之初存在“不就是个小村庄嘛，半个月就可以完成全部规划，而后去申报、申请资金，组织施工，年底前一定能出效果”的认知偏差。

为了尽快转变技术团队传统的规划帮扶思路，住房和城乡建设部村镇司通过组织理论学习、案例剖析和实地考察等方式，使技术团队深刻认识到开展美好环境与幸福生活共同缔造必须真正以村民为中心，开展规划设计和帮扶工作。

2.1.1 加强理论学习

中规院技术团队学习认真领会习近平总书记在十九大报告中提出的要打造共建、共治、共享的社会治理格局，健全自治、法治、德治相结合的乡村治理体系的重要精神和要求；落实住房和城乡建设部党组定点帮扶4个贫困县的工作部署，深刻认识实施共同缔造的要义、目的，以及“共谋、共建、共管、共评、共享”的“五共”理念。

中规院技术团队认真研读住房和城乡建设部村镇司推荐的《城乡规划变革：美好环境与和谐社会共同缔造》《云浮实验》《再领先一步：云浮探索》等书籍，落实周会和月工作简报制度。每次周会与会领导都会“反复讲、讲反复”，结合学习内容和村镇司实际考察的经验，深入浅出地剖析推进历程，总结经验教训，帮助技术团队明确工作重心，厘清工作思路，领会和掌握工作方法。

2.1.2 开展案例剖析

住房和城乡建设部村镇司组织召开经验交流会（图2-1），分析案例，学习借鉴经验做法。来自厦门院前社的年轻理事长陈俊雄介绍了他创办“青年合作社”的成功经验，以青年为行动主力军，把充分发动村民群众作为第一要务，打造形成了院前社“机制活、产业优、百姓富、生态美、台味浓”的特色亮点。现在，村里外出的年轻人纷纷回流，成立了以“慈济、生态、缘分”命名的济生缘合作社；总结出农村“青年驱动型”基层团建模式的四个关键要素：挖掘青年致富带头人、培育农村青年自组织、整合多方扶持资源、搭建两岸青年创业平台。

图2-1 交流会现场

北京建筑大学建筑学院副院长丁奇教授介绍了他们在青海省西宁市大通县景阳镇土关村进行共同缔造的初步工作，讲解了召开座谈会、入户访谈、无人机取景、创建全村 3D 模型，组织村庄手工艺品展示会、村庄歌舞联谊会，并放映自制村庄记录短片等一系列活动情况。

2.1.3 转变工作思路

经过理论学习与案例剖析，中规院技术团队的工作思路发生明显转变。大家认识到乡村的事情，归根到底还是要发动村民参与才能实现；农村人居环境改善的工作过程，本质上也是乡村治理深化的过程，必须通过组织动员村民，形成村民自觉参与的运行机制，才能真正实现发挥村民的主体作用。这一过程中，规划师、设计师等技术人员要从过去的“出方案、搞建设”转变为引导组织村民发现村庄的问题，主动商量解决方法。

中规院技术团队要从原来的“专家”转变为村民的“参谋”，协助村民谋划完成村内各方面的发展规划，工作方法由原来自上而下、技术主导转变为自下而上、协同谋划，工作内容从原来单纯的空间规划转变为村庄综合治理。

同时，中规院技术团队还需向上联系政府部门，协调促进县、镇纵向到底开展工作，要多跑路，勤沟通，积极对接各级政府部门，及时汇报工作进展情况，向政府部门讲解宣传共同缔造理念，达成共识。在工作开展过程中，要协助县镇党委政府下沉到村，并推动建立体制机制确保共同缔造工作的长效运行。

2.2 多方式发动群众

共同缔造工作刚开始时，村民对共同缔造不关心，普遍持观望态度，存在开会找不到人，入户访谈村民没兴趣深聊的情况。经过深入了解，出现这种情况的主要原因是之前无论是开展新农村建设还是美丽乡村建设，主要是地方政府为主，大包大揽的推进建设，与村民很少发生实质性关系，因此在一定程度上造成了村民的积极性、主动性不足，甚至有村民认为村庄建设是政府的责任，和自身关系不大。用村民的话说：“这次工作真是麻烦，怎么老是找我们开会呢，之前县里安排人来，整修了广场，建立公共卫生厕所，也挺好的。”

由此可见，转变群众认识，普及共同缔造理念，让村民们认识自身是村庄的主人，是推进工作的基础，也是最先要解决的问题。因此，在共同缔造工作之初，中规院技术团队通过逐户走访、驻村工作等方法，深入了解村落、逐步与村民熟识，并成为朋友。柏林寺村的村民经历了从观望到理解共同缔造理念、积极参与到村庄规划建设过程的转变。

2.2.1 从入户访谈到百家宴、四点半课堂

为了能吸引村民、引导村民、融入村民，中规院技术团队和村两委在“五一”节期间共同组织了“周末百家宴及美食评选”活动，村民一户拿出一个“拿手菜”参与美食评选，并以此为契机向村民宣传“共同缔造”理念。村民参与热情很高，自娱自乐表演文艺活动，原定十桌百家宴临时增加为二十桌，仍有村民一直站着观看。经过这次活动，中规院技术团队终于实现了在村里的漂亮“亮相”。

共同缔造工作开展之前，村支部书记刘有福常常感叹“村里办事形不成合力”。无论是环境维护还是发展产业，村民都是单打独斗，不愿协作办事。中规院技术团队组织小学生举办“共同缔造美丽乡村”演讲赛，还在微信平台持续推送，吸引家长积极参与，通过组织大量的集体活动，引导村民树立集体观念，村民们心往一处想，劲往一处使，初步建立了村情下传上达和决策共谋的机制，也使村民的主人翁意识不断加强，实现了从建“小家”到为“大家”的思想转变。

中规院技术团队在入户调研中发现，村民的环保意识普遍不强，对于“垃圾分类”“循环利用”等理念，许多村民都不知其为何物，更不要说小孩子。为此，中规院技术团队开始为村内的孩子举办“四点半”课堂活动，为孩子们讲解生活中的基本卫生常识：什么是“垃圾分类”、如何进行“垃圾分类”、废弃物有哪些创新利用的方式，并叮嘱孩子们要把课堂所学讲给家长。“六一”节期间，中规院技术团队走进村里的方西小学，开展了“大手拉小手”活动，吸引了许多家长参与。自此，“四点半”课堂活动成为技术团队以孩子为突破点，带动更多村民从关注规划到理解规划、参与规划、自主规划，向村民持续宣传共同缔造理念的有力平台。2018 年 7 月 6 日，“四点半”课堂组织村内的孩子和村民以“柏林寺的美丽蓝图是什么？”为题目展开讨论。7 月 13 日，“四点半”课堂组织了“爱我家园绘画大赛”，引导小朋友建立“绿水青山就是金山银山”的观念。7 月 19 日，“四点半”课堂开始设立“废物利用”小手工课堂活动，教小朋友如何用旧矿泉水瓶制作简易的花盆美化自己家的院落。7 月 27 日，“四

点半”课堂组织了“大手拉小手”垃圾清理活动，邀请了大塘黄格组的家长与孩子们步行前往村里小广场，一路上引导家长和孩子们互动，主动发现并捡起路边的垃圾，让孩子们做家乡的环保小卫士。在路上孩子们遇见了专门负责垃圾管理的叔叔阿姨，技术团队让孩子们体验了一番大人的辛苦，同时也向孩子们讲解了垃圾分类知识。此外，“四点半”课堂还组织了“共同缔造美丽乡村演讲表演赛”（图 2–2），吸引了很多家长参与，活动现场观众近 70 人，孩子们的演讲、朗诵、舞蹈、征文等文艺活动成为了宣传环保理念最直观、最有力、最深入人心的形式。

图2–2　柏林寺村“四点半课堂”演讲比赛

传统的村庄规划建设对村民参与重视不足，村民的主体意识不强，“等、靠、要”的思想比较严重，普遍存在等待观望情绪。住房和城乡建设部采取“反复讲、讲反复”的方法宣讲理论知识（图 2–3），技术团队也将此方法运用到村集体，多次与村两委、理事会及村民代表座谈，交流思想，并邀请中山大学李郇教授和北京绿十字生态文化传播中心孙君主任现场给县政府和村两委、理事会以及村民代表进行讲课，从思想上逐渐扭转村民的惰性思维（图 2–4~ 图 2–6）。

图2–3　村镇司组织经验座谈会

图2–4　孙君主任红安讲课

图2-5 李郇教授在柏林寺村讲课

图2-6 村民夜谈会

2.2.2 组织村民实地参观考察

在“共同缔造”理念基本普及的情况下，技术团队和村两委组织了理事会成员和村民代表于2018年7月到罗田县苍葭村、信阳郝堂村实地参观学习，让村民对“共同缔造”的工作目标与成果树立信心，并学习具体方法（图2-7、图2-8）。在郝堂村参观时，村民一方面为郝堂村建设的成就表示佩服，另一方面也表示：“郝堂村前面这条河远赶不上我们村里的刘子河漂亮啊，我们的河是完全清澈的，两岸还有野花……看了郝堂我们就更有信心了，只要大家齐心合力，一定能比郝堂建的还好。”

图2-7 苍葭冲村考察1

图2-8 郝堂村考察2

中规院技术团队成员与村民在参观中共同学习，注意调动村民的积极性，针对具体问题引申到柏林寺的实际情况，使村民在现场提出了村内“四清五化”“垃圾分类”等问题的解决方法。许多村民之前一直强调房子改造要“洋气”，不能“太土”，在参观之后则普遍表示“房子和村子改造，也要能体现咱农村的特点”。村民郭莉莉表示：“看了郝塘的1号院、2号院，我发现我家里的老房还是很有价值的，整修好了比新房还值钱呢，原本打算拆了的，现在回去要按照规划院的建议进行风貌整改，体现出我们农村的特色。”

2.2.3 畅通交流渠道

经过前期的宣传、考察学习，村民的心气被调动起来了，开始自发组织相关活动，推进共同缔造与村庄环境改善。村两委和理事会在2018年7月1日召开了“乡贤座谈会”，邀请华中科技大学刘灵敬教授等50余人，共同商讨柏林寺村“共同缔造”、乡村振兴问题。会上，大家激动的表示：“这么多年了，这是村两委第一次主动邀请我们回来一起商量湾子里的事，感觉到大家的心里想的都是怎么把湾子建设好，所谓‘人心齐泰山移’，这样我们湾子是大有希望的。”

以前村民缺乏有效的反映问题的途径，共同缔造工作建立了良好的自下而上的村情反馈机制：村组理事会收集村民的零散意见，提交给村委会，村委会召开村民代表大会协商讨论，形成统一意见后，村委会将村民诉求整理上报给乡镇政府，由乡镇政府统筹，向各级政府部门申报。村委还建起了微信群，在外务工人员也可以通过网上平台及时关注村子的变化，并提出发展建议，推动问题更好更快解决。

中规院技术团队还和理事会一起开通了名为“柏林寺之声”的微信群和“柏林寺之声”公众号平台。“柏林寺之声”微信群从2018年6月建立至今，入群村民达到两百七十余人，其中既有柏林寺村外出打工的年轻人，也有长期在外工作的乡贤能人。微信群持续直播村民理事会会议、驻村工作队近况，吸引村民持续关注和思考村落发展问题，成为了高效便捷的信息交流平台。村民在微信群中积极发言，发表个人对共同缔造工作的理解认识，讨论村庄发展方向，也给村两委理事会和驻村团队的工作提出许多宝贵的意见和建议。村民理事会成员也依托微信群，收集村民意见，获得村民支持，高效率的完成了调解拆迁、修建道路等工作。“柏林寺之声”公众号早期由驻村规划师维护，后移交村民理事会管理。公众号创立了“百灵快讯”新闻平台，每日向村民推送村内的大事小情，同时将共同缔造建设理念植入新闻播报之中。共同缔造期间，公众号文章的评论浏览量均在300人次左右，最高浏览量达到1000人次。

2.3 明确分工协同推进

为切实加强红安县七里坪镇柏林寺村“共同缔造”工作的组织领导，经县政府研究，决定成立柏林寺村共同缔造领导小组，由县长任组长，副县长任副组长，有关部门和七里坪镇主要负责同志为领导小组成员，领导小组下设办公室，由七里坪镇主要负责同志任办公室主任，办公地点设在七里坪镇柏林寺村。领导小组下设工作专班，具体负责日常工作。领导小组形成定期工作例会制度，例会每两周召开一次（因工作需要可以临时召开）。

红安县各相关部门、七里坪镇政府依据各自工作职能，围绕七里坪镇柏林寺村“共同缔造”总体工作目标，明确分工和工作重点，各负其责，制定工作方案，研究制定有关办法，切实加大对柏林寺村的支持力度，协调配合，统筹联动，形成工作合力。

由红安县政研室牵头，七里坪镇政府负责，联合县民政局、住建局、招投标办公室、审计局等单位，制定了《柏林寺村“美丽乡村、共同缔造”示范点项目建设与奖补办法》；明确了村落农房改造和村落环境整治的详细“以奖代补”政策，细化资金支出和监管流程。通过“以奖代补，同工同劳”等方式，鼓励村民自发参与共同缔造过程；也转变了县政府“立项目、拨资金、出形象”的传统工作方式，初步建立了共同缔造的政策框架。

第3章 找准方法

3.1 协商共谋村庄发展未来

3.1.1 扎大头钉，明确需解决问题

在城镇化的大背景下，大部分村庄的常住人口持续减少，村内存在大量闲置土地，乡村发展动力不足，惯有的熟人社会解体，新的乡村社会结构尚未建立。只有在全面真实地了解村庄发展建设现状，以问题为导向切实解决村民的急难愁盼，才能找到村庄规划与建设的解决之策，推进村庄规划与建设。

秉承“最了解村庄问题的是生活于村庄的居民”的想法，中规院技术团队通过实地调研、走访座谈、问卷调查等多种方式，与村庄、政府等主体共寻发展问题。在工作开展初期，村民对调研工作很不理解，摸不清楚工作组的真实目的和想法，对于技术团队提出的问卷调查也都是“笑而不语”，没有太多想法，对任何事情都说“行”，还会质问“你们为什么还不开始搞建设”，工作组初来乍到，也苦于无法听懂村民的方言，居住村民也以老人小孩为主，读写交流受到很大限制，交流十分不畅。对比工作组和村民的角色，技术团队在“做”，村民在“看”；工作组在“讲”，村民在“听”；工作组很急迫，村民在观望。一时间，工作组也是一筹莫展，陷入了困惑。

为真实了解群众现实需求，中规院技术团队和村两委、理事会针对村民的现实情况，巧换交流“语言”，用村民最直观、最熟悉的照片进行标注（图 3-1、

图3-1　航拍图解说交流图

图3-2　村民标记问题地点图

图3-3　村民地点标记统计图

项目备忘录

驻村日志

图3-4　帮扶团队驻村日志图

图 3-2）。技术团队在村民活动广场张贴大幅村庄不同角度的航拍图片，让村民用红、蓝色的大头钉标示喜欢和不喜欢的地方，三天后技术团队和村两委、理事会对这些标识地点进行统计，图纸直观地反应出污水沟、未完成的公共厕所、公共空间占用、道路不平雨天积水等村民普遍不满意的地方（图 3-3）。针对这些标识地点，技术团队再三逐一实地勘查现状，反复逐户走访村民咨询相关情况和建议（图 3-4），得到了很好的反馈。通过这种快速、简便、有效的交流，技术团队迅速识别了村庄的主要问题，还挖掘出支持村庄发展的良好资源，确定了后续的工作重点。

3.1.2　共同商定村庄规划

村庄建设的事权以村民为主，本质上是村民内生需求的反映，村庄规划需回应村民的建设需求，激发村民积极性，并提高村民参与村庄建设的主体意识，同时，村庄向上衔接乡镇以及协调周边村庄的事权又在乡镇一级政府，村庄规划需要匹配这一特征。因此，村庄规划在编制阶段主要体现为规划师与乡镇政府、村集体、村民等主体以共同缔造的形式协商村庄未来蓝图的过程。

搭建信息平台，支持村民共同商议。村庄由众多利益主体构成，村庄建设需要建立在对未来发展的共识之上，让所有村民平等共享参与机会，是提升村庄凝聚力的关键。柏林寺村的年轻村民基本都外出打工，即使是住在村里的村民平时也要外出打工，留守人口以老人、小孩和妇女为主。年轻的村民在外见多识广，是村庄未来建设发展的主要资源，技术团队需要充分听取他们的建议，但组织召开一次村民代表大会颇为不易（图 3–5）。为此，技术团队一方面利用清明、五一、十一等假期，外出打工人员返乡的时候来到村庄走访（图 3–6），留下联系方式，设立了“柏林寺之声”微信公众号和微信群（图 3–7），发布村内的大事小情，引导大家在微信群上讨论发展意愿，协商问题解决方法，只在需要村民表决时才召开村民代表大会，大大提高沟通交流效率，加快了村庄规划建设的进度，

图3–5　理事会商议村庄事务图

图3–6　入户走访图

图3–7　微信公众号及村民微信商议事务图

这一方法得到全体村民的大力支持。

“慢一点”表态，推动村民共同商议。为了让村民具有更多的主人翁意识，技术团队内部强调要“采取慢一点表达意见”的工作方法。对于村民要求的建设风格要“洋气”，不能太“土气”等意见，技术团队不再是自上而下，侧重政府及其所属部门和规划师等专业人员的意见，对村民进行理论说教，而是组织村民实地参观建设比较成功、乡村重新焕发活力的典型案例——郝堂村、苍葭冲村等村落，让村两委、理事会、村民就环境整治、产业发展、农房建设等问题直接交流。通过现场参观、面对面答疑等方式，个别柏林寺村民当场表示“如果我们村子要能建成这样，就太好了，人家自己能建，我们也可以”；“房子建设要能反映乡村特点，不能太城市化”（图 3-8、图 3-9）。这种“慢一点”的工作方式反而激发了村民的主人翁意识，柏林寺村大塘黄格湾理事会和聂家坳理事会组织村民积极讨论，列出二十多条村落环境改善意见，这些意见有些与规划师们的规划设想不谋而合，有些提的更接地气，真正反映了村民的实际需要。比如讨论池塘改造问题时，村民黄新翔提出应该向信阳的郝堂村学习，村内大塘不再外包养鱼而是种植荷花，不仅可以净化水质，美化景观，还能增加一项莲藕的收入；村民聂三洲提出大塘边上最好增设防护栏，防止小朋友意外落水。这些“小切口”改善村容村貌的意见都得到了其他村民的一致认可，也让技术团队惊艳不已。

乡贤引导，带领村民共同商议。历史上，中国的乡绅阶层充当着国家与乡村社会的“调节器”，在基层社会治理方面发挥了巨大的作用，随着时代的变化发展，传统乡绅也逐渐转化为现代意义上的新乡贤。党的十八大以来，新乡贤一词多次在中央文件、国家重要战略规划中被提及，新乡贤在乡村治理中的作用越来越重要。在新时代乡村振兴背景下，新乡贤的言论和行动对其他村民有极强的导向性，是推进乡村振兴、参与乡村治理的重要主体之一。为了树

图3-8　村民在苍葭冲村参观

图3-9　村民在郝堂村参观

立带头示范的典型，中规院技术团队请村两委、理事会积极联络柏林寺村及周边村组在外乡贤，通过邀请乡贤加入微信群、回村开座谈会等方式，为村庄发展出谋划策，成为带领乡村发展、村民共同富裕的“领头羊”。华中科技大学刘灵敬教授就是柏林寺村的积极乡贤之一，自2012年开始，回乡创业创办了生态农业公司，为村民就业和脱贫攻坚贡献了极大的力量，并协助村两委和技术团队邀请其他在外乡贤回村，追忆过往生活，观看家乡变化。2019年7月1日村两委组织以“党群共建、乡村振兴”为主题的座谈讨论（图3–10），在村老党员、党支部成员、入党积极分子以及能人共计56人参加，大家积极发言献计献策，会后刘灵敬教授还组织大家实地考察信阳市新县七龙山生态园（图3–11），这次活动在美丽乡村建设、土地流转、乡村产业兴旺等方面达成了共识，成效显著，大家表示对村庄的未来充满了信心，将全力支持乡村振兴共同缔造。

全过程村民参与，协同村民确定方案。村民作为村庄变迁的见证者，对村庄现状和发展需求有着深刻认识，同时也是村庄规划实施监督的主体。只有让村民深度参与到村庄规划编制实施的全过程中，规划师才能制定出有用管用好用的规划方案，进而实现多方的共赢。规划前期中规院技术团队通过长期驻村、深入农户交流，对柏林寺的村情村貌和存在问题进行全面了解和梳理，村庄规划编制过程中同样需要集思广益。技术团队依据村庄问题和村民需求，确定解决问题的优先级别，提出村庄发展的目标定位、产业发展、道路整治、居民点布局、公共服务设施设置和公共空间打造等方面的初步方案，然后由村两委和理事会多次组织“院子会”“现场会”，与村民就初步方案进行意见交流和头脑风暴，协商确定问题解决的思路与对策，尤其是涉及村民宅基地复垦、集中安置点选址和农用地调整等与村民利益直接相关的问题，与村民、村两委进行频繁沟通，相互影响、统一思路，实现规划方案的动态调整。通过这样的方案多次

图3–10　乡贤共议村庄发展图

图3–11　乡贤参观七龙山生态园图

图3-12　理事会与规划师共议村庄方案

图3-13　理事会与规划师共议节点方案模型

宣讲、村民层层审查、村委反复沟通，使得最终规划方案既能得到村民的认同，又能满足村庄发展要求，从而编制出符合当地实际的规划，更便于规划实施管理（图 3-12、图 3-13）。

3.2　发动村民开展共建行动

3.2.1　以点带面，示范户的整治改造

（1）柏林寺村农房现状问题

柏林寺村大塘黄格湾目前共有 67 户住宅，多为 2~3 层的独栋带院住宅，约 2/3 已翻建，翻建后的建筑风貌趋于现代，缺少传统元素。建筑主体多为砖混结构，立面简单抹灰后便投入使用。经济富裕的家庭则在正立面贴上白色小块的长条形瓷砖，个别还会嵌入代表幸福美好生活的山水图样瓷砖（图 3-14）。财力充足者则改建成金灿灿的欧式小洋楼，多层线脚、曲线柱式、雕花墙壁、华丽大门，与朴素的乡村风貌格格不入。从无人机拍摄的鸟瞰图可以看出，新建房屋的屋面多为机制瓦，大片大片的蓝色红色在青山绿水的背景下显得既艳丽又突兀。隐约可以看到几栋青砖灰瓦的老房零星散落在其中。多数老房现存状态欠佳，普遍存在闲置废弃、无人维护、屋漏墙斜、结构坍塌等现象（图 3-15）。

村民对于自发改造村庄建设的意愿并不强烈。村民普遍认为，帮扶建设效果是由设计师决定，他们只能被动接受，而非村民主观意向。而且在村民意识中，

图3-14 柏林寺村村落现状风貌

图3-15 老房现状照片

房屋要像“城里的”才好看，贴瓷砖的小洋楼才是财力的代表，传统的老瓦、石头砌筑是“落后的”做法，要摒弃。本质上来说，是村民对本地传统文化的不自信、不认同，这使得共同缔造项目推进困难系数成倍数增加。

（2）与村民讨论

中心水塘边的黄忠长家房屋年久失修，有坍塌的危险。在村理事会的建议下，黄忠长专程从武汉返回，翻建老屋（图3-16）。其祖屋是一栋二层小楼，建筑本体为清水混凝土结构，邻水而建，独自成院，具有优越的地理位置和良好的视野。黄忠长和老伴长期在武汉打工，柏林寺村里的老房使用频率不高，基本就是过年期间孩子们回来大家住一段时间。缺乏维护的老房很容易出现缺一片瓦少一块砖的情况，刮风下雨天更是屋内漏风漏雨。

图3-16 黄忠长家现状

为了了解黄忠长真实的改造想法并提高沟通效率，中规院技术团队采用驻场陪伴式服务，两个月入户沟通20余次。与黄忠长聊天得知，其儿女众多，但原建筑方案布局不合理，卧室数量不足，整栋房子只有一处卫生间，使用面积较小，春节期间儿女都回乡的时候并不能满足使用需求。设计师白天跟其了解完想法和诉求后，当天晚上加班加点修改方案，第二天再面对面交流。遇到不能理解的施工问题，设计师会在纸上手绘表达解释（图3-17），或者直接在笔记本电脑上调整模型（图3-18），效果直观，加快了施工进度，节约了时间成本。

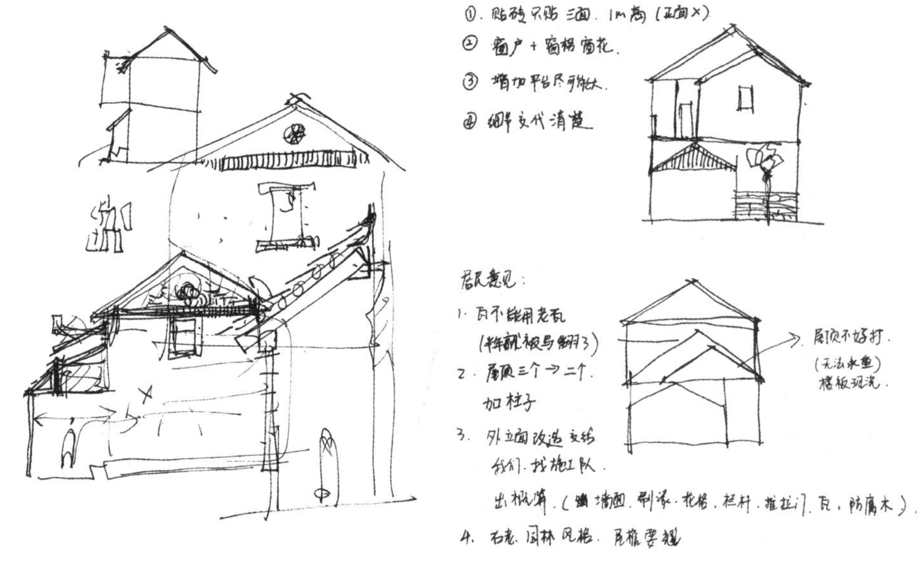

图3-17　设计师手绘图

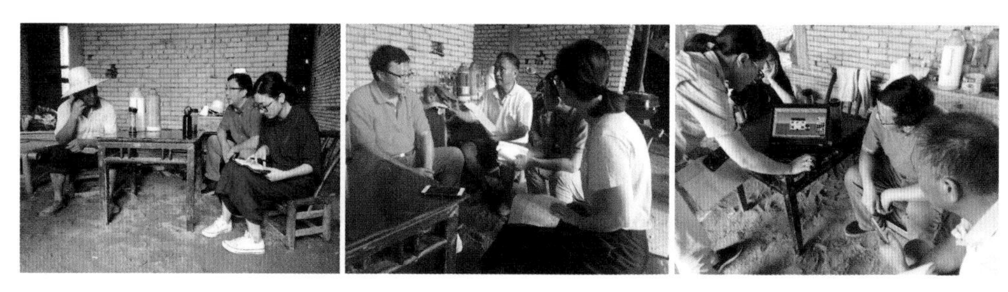

图3-18　设计师与示范户现场沟通立面造型

（3）改造方案

中规院技术团队主动帮黄忠长优化建筑方案。从使用需求出发，首先进行功能优化（图 3-19）。充分考虑户主的需求，通过调整房间隔墙的尺寸与位置，增加一间卧室，解决子女的住处，同时，结合一楼卫生间上下水管道布置，在二楼重新规划卫生间位置，面积虽小，却能为二楼居住人提供极大的便利。不仅如此，设计师还锦上添花，在空间富裕的楼梯间上方加设楼板，为户主增加了一个小小的休闲室。这些切身为村民考虑的优化调整工作赢得了黄忠长和在外打工的儿女们的信任，并进一步同意优化建筑立面造型，作为村内建筑风貌改造的示范户。

在改造立面风貌前，中规院技术团队多次与黄忠长沟通。其实黄忠长最初的设想是建一栋看起来更像“城里”的房子。“贴瓷砖多好看啊，城里的房子不都这样嘛，干净也好打扫。”黄忠长说。可是如果村里的住宅都是千篇一律的瓷砖

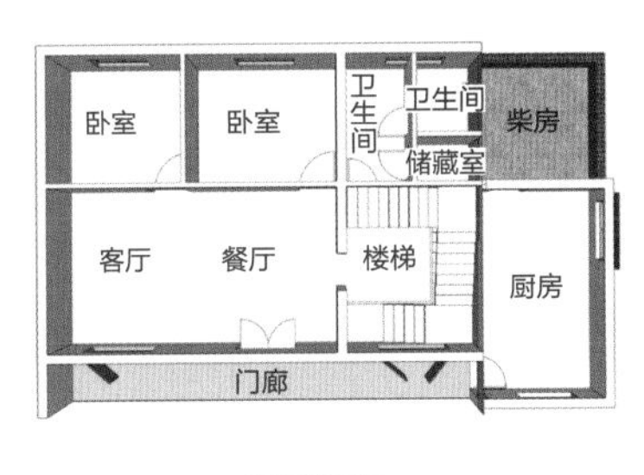

一层平面图

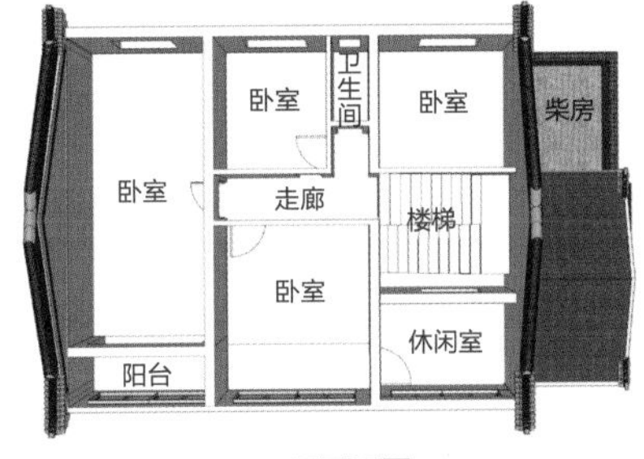

二层平面图

图3-19　优化后的建筑平面图

房，整个村庄将变得毫无特色，乡村传统的风貌也将慢慢消失。为了保留当地建筑传统风貌特色，设计师在坡屋面两侧增加了传统封火山墙，仅马头墙这一小小的元素，便能体现湖北本土的风貌特点（图 3-20）。

图3-20　黄忠长家改造后沿湖效果图

黄忠长及老伴看过后对调整的方案很满意，只是对增加的建筑成本有所顾虑。中规院技术团队从施工难易程度出发，把三坡顶改成二坡顶，去掉露台改为封闭阳台，缩小马头墙比例减轻墙体承重，将原本计划贴瓷砖的立面，改为刷白色涂料、底部贴片石等做法，并以本地片石材料替换瓷砖减少造价（图 3-21）。通过多次劝说，动之以情、晓之以理，把新方案及造价跟示范户反复沟通，精打细算后造价只多了两万多元钱，改造还能享受到县里原本就有的危旧房屋改造和厕所改造资金补贴，合计成本只增加了一万多元。黄忠长表示可以接受对造型也比较满意，同时也被中规院技术团队坚持不懈的付出精神所感动，同意按照方案来实施，为村容村貌改造做出示范，多出来的费用通过申请村内“以奖代补”资金进行补充。

随着经济社会的快速发展和生活水平的逐渐提高，农民对居住环境及品质的要求越来越高，对宜居农房的建设提出了更高的要求。群众住得健康，用得便捷，成本较低，又放心安心，是技术团队帮助农民改造方面的初衷和目的。

图3-21　八轮改造方案迭变图

从柏林寺村农房改造的经验来看，宜居农房应具备以下特点：第一是绿色低碳。乡村好房子应该注重材料选择和建筑设计，采用本土、环保、可再生材料建造，尽量减少对自然环境的影响。同时，可以考虑植被覆盖、雨水收集利用等措施，打造绿色的生态环境。二是安全舒适。对于年久失修的老房子要进行及时修缮，或者更新改造，消除结构上的安全隐患。三是智能优化。功能上进行空间优化，形成满足村民实际使用需求的多功能居住空间，同时结合智能家居系统，为老人使用及看护提供便利。

（4）奖补政策

为有序推进共同缔造示范点建设，2018 年柏林寺村开始实施“美丽乡村、共同缔造”示范点项目建设与奖补办法。试点期间，凡是自愿参与建设活动，服从村“两委”和对口帮扶团队的管理，遵从“美丽乡村、共同缔造”的相关规划设计的农户，均可享受新建、改建农房给予 30% 奖补资金，其中新建奖补 2 万元封顶，改建 1 万元封顶；绿化美化项目给予 30% 奖补资金，每户 500 元封顶的奖补政策。村委会会同村民理事会、施工质量安全管理小组、中规院技术团队制订农房改造导则和村庄环境卫生管理办法，制订村庄绿化、环境整治建设和验收标准。对农户申报、方案校审、项目实施、验收等做出了明确规定。

通过实施奖补政策，能够增强村民的参与意愿和积极性，推动村民更加主动地投入到村庄建设和发展中。增强村民的荣誉感和自豪感，进而激发内生动力。村民在这种积极的氛围中更容易达成共识、凝聚共同力量，共同为村庄的发展努力，促进村庄的可持续发展和繁荣。

（5）实施效果

黄忠长的家从改造初期到改造建成（图 3-22），一直备受其他村民的关注。当看到焕然一新的乡村本土住宅出现在大家眼前时，其他村民也都跃跃欲试。先后有两位村民主动委托，希望能帮其设计提升自己家的住房和改善居住环境。中规院技术团队从节约成本、安全加固、优化功能、恢复风貌角度出发，拆除老旧房屋，将原有的土坯砖、老瓦和木料留用，二次利旧，院落由拆除的建筑垃圾回填，尽量做到零垃圾建造。为其中一户村民新设

图3-22　黄忠长家建成效果

图3-23　另外两户农户改造方案示意

计院落大门，调整一层平房改为车库，增加花池等观赏性小品景观，平日也可用作菜园使用。结合现状，为另一户村民进行大门院墙一体化设计。入户地面采用老瓦立砌，形成独特纹样。抬高原有车库屋顶，与主体建筑的披檐做一体化设计，形成贯通连续门廊空间，并加装卷帘门，方便贮藏和使用。沿房屋一边砌筑小花坛，厨房排污管道隐蔽其中（图 3-23）。请本地师傅施工，采用传统做法，既展现传统工艺，也保障结构安全。同时户主主动参与建设过程中，节约一部分人工费。

3.2.2　公共环境整治改造

（1）建设前村庄环境

作为典型的“远郊型”村庄，柏林寺村位于红安县七里坪镇东南部的浅丘陵地区，距离镇区 17 千米。村庄背山面水，自然环境优美，刘子河沿岸植被茂盛，春季紫云英大片盛放，景色宜人（图 3-24）。然而，伴随村庄大量劳动力外迁，村中留守老人对于户外休闲活动与人际交往需求较低，因此对村庄公共环境关注度低。传统的以政府为主导的美丽乡村建设模式，让村民形成了依赖思想。在柏林寺村发放问卷调查显示，村中80%的村民对于乡村环境建设持冷漠态度，建与不建与自己无关，怎么建也毫不关心。村庄公共区域及道路两侧土壤裸露严重（图3-25），大面积活动场地缺乏休息设施，村庄景观城市化趋势严重（图3-26）。

图3-24 刘子河春季美景

（2）和村民拉家常，共同画出设计方案

乡村美好环境建设不仅是对村庄现有资源的重新挖掘与分配，更主要的是转变人的思想观念，要将村民"要我建"的被动支配行为转变为"我要建"的主动建设需求，确保村庄实现可持续发展。只有将乡村环境建设与村民的实际需求相结合，让环境更好地服务于当地村民，才能吸引村民加入乡村美好环境建设工作中来。因此，面对柏林寺村人口老龄化以及村民对于景观建设持冷漠态度的现状，如何能把村民的积极性和主动性调动起来，如何能建设出符合村民需求的生活环境，是中规院技术团队面临的最棘手问题。

图3-25 公共区域黄土露天

为了不耽误村民忙农活，中规院技术团队选择在每天的傍晚时分到村民家中坐一坐，唠唠家常。有时候询问今天的劳作成果，有时候聊一聊村民对村庄建设的想法（图3-27）。入村之初，中规院技术团队对村内一处2000平方米的硬质铺装广场曾提出疑义，感觉广场铺装面积过大，缺乏遮

图3-26 公共广场缺乏休息设施

图3-27 设计团队与村民唠家常，了解村民需求

阴大树，利用率不高，应该利用绿地和植物分隔广场空间。然而，村民给出的反馈却出人意料。村民反映，大广场是村里人气最旺的场地，村民白天都在田间劳作，只有到傍晚才会聚集在大广场聊天休息，因此并不需要过多的遮阴植物。此外，每天在田间劳作的村民对于大面积绿色植物早已产生视觉疲劳，更加渴望村里有大面积的广场铺装这样干净整洁的环境，在村民心中，这才是乡村进步的标志。在不断的倾听与沟通中，技术团队与村民在想法上不断磨合靠近，村民的反馈给我们带来了新的思考：生活习惯以及思想上的差异是导致建设成果与村民需求脱节的源头所在，只有村民手中的笔，才能最准确的描绘他们的实际需求。随着两方关系的拉近，村民逐渐从只言片语到滔滔不绝，甚至有时候不自主会切换方言，眉飞色舞的描述自己对村庄环境建设的想法，然后害羞地说“你们听不懂我们地方话吧”。

面对村民建设想法井喷式爆发，中规院技术团队决定采用“空白调查问卷”的形式，完整记录下村民对环境改善的需求。在之后的“拉家常”时段，中规院技术团队会再带上几张白纸，鼓励村民说出需求，画出想法。孩子们总是兴奋的边说边画：“这里可以放个秋千么，这里可以放一个滑滑梯么？”（图3-28）而家长则在一旁不时插话说：“边上放个椅子，这里放棵树，别晒着。”在不同

图3-28 设计团队与孩子共同商讨建设方案

的对话中，村民用简单的三角形、正方形或是圆形符号在白纸上摆放各类心仪的设施，形成了一幅幅村民自己的设计方案（图 3-29）。技术团队根据村民需求反馈，将改造愿望最强烈的几处公共空间图纸进行整合梳理，形成了最终的改造方案。

①村中心广场改造

村庄中心的大广场是村里傍晚最热闹的区域，也是村民改造愿望最强烈的场地。中心广场现状为一处 2000 平方米的硬质铺装广场，周边环绕种植低矮的灌木，场地周边放置一张乒乓球桌和一组健身器材。设计之初，技术团队对于村民作息需求并不了解，提出要打破中心广场大面积铺装，广场中间需增加大树及绿地进行区域分隔。在与村民沟通方案设想的过程中，村民对这一方案提出强烈反对。区别于城市居民白天健身晚间散步的使用习惯，白天大部分村民或外出务工或下地劳作，村民休闲活动需求不强烈。然而到了傍晚，劳作了一天的村民都爱聚集在中心大广场，聊天、健身或是跳广场舞。因此，村民的需求聚焦于丰富健身器材种类，充足的聊天休息座凳以及大面积铺装场地用于广场舞活动。

村民的反馈让中规院技术团队对于村庄更新改造有了新的认识。村民才是广场真正的使用者，广场应该布置哪些功能，布局形式应该是怎样的，这些问题都应该由村民来参与解答。广场的设计不仅要突出使用功能，更要尊重当地村民的使用习惯。设计过程中，中规院技术团队不应根据以往经验做出预判设计，应当更多的倾听村民，发动当地村民参与进来，共同完成设计方案。

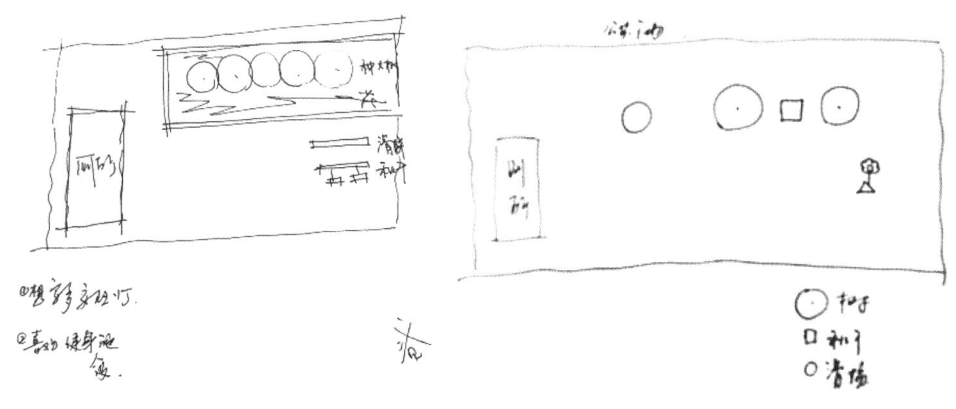

图3-29 村民绘制活动场地改造方案

中规院技术团队结合村民意见，整合村民自己绘制的方案，对广场景观进行了重新梳理。场地周边增加健身器材种类及儿童活动设施，满足各年龄段活动需求。沿广场周边，结合村民聚集习惯增加休息座凳，满足村民休憩聚集的需要。中心广场保留大面积硬质铺装，为跳广场舞的村民留足空间（图 3–30、图 3–31）。

②晒米房广场改造

晒米房原本是村内一处废弃的建筑，由于常年无人打理，建筑前广场破败不堪。在村委的组织下，此处建筑被改造为村里公共的晒米房，加之广场位于村里较为核心的位置，西侧临水环境清净优美，村民均反馈希望在此处形成一个干净整洁的空间，平日里可以晒晒辣椒蔬菜，节日时也可以作为临时的集会场所（图 3–32）。

技术团队对晒米广场进行了现场测量，广场总面积约为 120 平方米，周围风景宜人，是一处理想的休闲空间。结合村民集会以及晾晒蔬菜食物的需求，设计方案在广场北侧设置一处小型的混凝土戏台，可供村民进行小型的集会及演出使用。广场中间则通过纵向铺装纹理进行空间分隔，一方面营造更加

图3–30　村中心广场现状照片

图3–31　村中心广场改造效果图

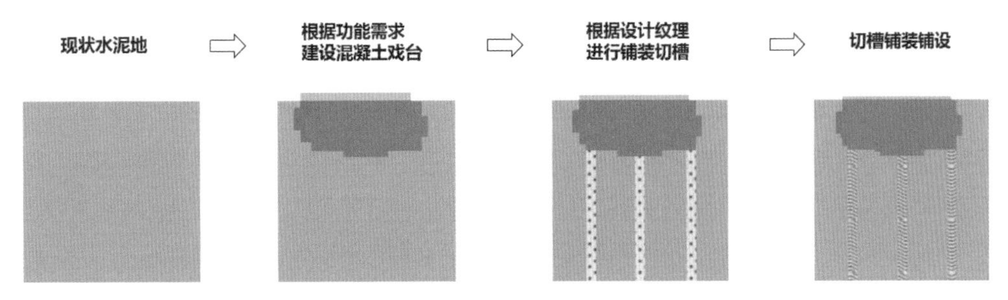

图3–32　晒米广场平面布置图

丰富的广场景观，同时也利用不同的铺装纹理区分晾晒区域，便于村民日常晾晒。

晒米广场西侧的水塘则进行生态化改造，水岸边通过种植千屈菜、鸢尾等乡土水生植物，软化水塘硬质驳岸，建设更加自然的驳岸景观的同时，增加水体氧气含量，有效改善水塘水质。同步结合水岸边增设一些大型石块，为青蛙等两栖类动物提供栖息场所，改善村庄生态环境，营造干净整洁、特色宜居的乡村景观，让自然嵌入村庄风貌当中（图 3–33）。

图3–33　晒米广场改造前后对比

③村庄绿化植物选择

结合调查问卷及村民意向，对村庄公共空间及庭院绿化植物进行整理。

村庄公共区域绿化选择低维护、适应性较强的当地植物，以遮阴大乔或村民熟悉喜爱的果树为主，重点区域选择秋色叶植物或春花植物，通过植物营造出季相变化，也营造出更加绿色更加生态的村庄环境。

在村民房前屋后植物的选择上鼓励村民共同参与，依据村民的想法及当地植物生长情况，确定可使用的植物清单，村民根据清单中罗列的植物选择自己喜爱的种类，进行房前屋后绿化种植。植物选择上可种植丝瓜、南瓜、葡萄等这一类瓜果蔬菜（图 3–34）。

村民对这种有参与感的设计方式感到非常新奇和兴奋，他们的意见得到尊重与落实，这一过程让村民产生了强烈的参与感，更激发村民对建设的热情。

（3）依据村民意愿，分小组共同建设村庄

柏林寺村景观建设以“干净整洁、充满活力、特色宜居”为目标，实现村庄生态与休憩功能的提升。中规院技术团队将村庄的建设工作进行了全面

图3-34　房前屋后的植物选择

梳理，依据建设工程的难易程度，将建设工作分成“公共区域”和“房前屋后”两个部分。

由于投资造价的限制，柏林寺村的建设无法采用依靠施工队完成建设工作的常规流程。建设方需要由村民组成，由村民自己完成村庄的建设施工。为了保证建设安全，也体现建设效果，“公共区域”组的建设工作主要集中在村内公共环境区域，通过村两委的推荐与村民的自荐，中规院技术团队选取了几名有施工经验的村民组成施工小组。通过多轮沟通交流，共同商议适合的施工材料以及施工组织方法。同时也邀请村里经验丰富的老师傅分享当地传统的施工手艺及当地简单易得的特色材料，保证村庄风貌新旧协调，既有传统特色，又展现新的面貌。在边学边建边商讨的过程中，中规院技术团队与村民一道完成了村口大树广场的建设工作（图 3-35）。

村口的柏树广场是老一辈人的记忆，每每聊起，大家都会回忆起过去村民聚集在村头，聊聊家常，分享生活经验的场景。村里老人说，村口柏树这块地虽然连坐的地方都没有，但大家还是愿意聚集在这里，碰碰面，聊聊天，很有人情味。这里是一块不大的水泥场地，小广场上种着两棵呈“V”字形的柏树，由于所处位置及地势较高等原因，柏树广场在炎热的夏季总有徐徐凉风，

图3-35　设计师在现场和村民交流施工技艺

缓解夏日的燥热。广场刚建成时，村民在柏树下用毛石砌筑了两个圆形的矮墙，既是树池，也可以作为休闲聊天的座凳。然而由于年代久远，两处矮墙现在早已斑驳脱落，破烂不堪。“你们要提升就把这给改了吧，这里是我们的回忆啊”，每每入户调研，村里老人总是饱含期待的提出改造村口大树节点的想法。在村两委的引荐下，技术团队与当地有施工经验的老师傅组成了一支特殊的施工队，开始对村口大树节点的提升改造工作。团队的每一个成员都身兼多职，设计师既是方案的设计者，同时也是施工学徒，忙着准备施工材料，清洁施工现场，也跟着老师傅学习传统的砌筑工艺。在材料选择上，技术团队与村民共同协商，通过多方咨询，最终选取当地价格低廉且具有较好耐久性的青砖材料。在方案设计上，则以村民意见为导向，通过加固现状树池挡墙，以最低成本实现广场使用功能的极大提升。村里老师傅与设计师们现场交流着传统的砌筑工艺，将新的树池节点融入到村庄的风貌和记忆当中。在日常施工中，村民总爱来现场观摩观摩施工进度，并结合现场效果提出宝贵意见。大树节点就在大家的讨论中，经过反复的调整打磨，完成最终的改造工作。节点改造完成后，再次成为村里的网红场所，老人又聚集在这里拉家常，孩子们则在广场上肆意奔跑玩耍。这里又恢复了往日的热闹，只是这份热闹中，也融入了设计团队美好的记忆。

“房前屋后”组主要完成房前屋后环境整治这一类较为简单的建设工作，由村民自己设计、自己施工。区别于公共环境建设，村民房前屋后环境整治关系着家庭每一位成员的切身利益。技术团队帮助一村民选取了光照适宜种植植物的区域，利用收拾的废弃水缸、木架、轮胎、瓦片和铁丝网等旧物件作为种植容器，种上好养活又耐看的三角梅和太阳花，营造出接地气、有生气、有记忆的院落景观（图 3–36）。

图3-36　村民小院改造效果

浪漫花卉院落的完成点燃了村民改造建设的热情，村民对于院落的改造开始有了更多更丰富更大胆的想法。村民黄焱平将小院内原本种菜的一小块区域进行了重新改造，将原本种的小白菜拔除后，种上了家人喜爱的太阳花。黄焱平兴奋地向中规院技术团队展示小院改造后的照片（图 3-37），在他的笑容里，中规院技术团队感受到了乡村景观的魅力所在。乡村景观建设并不需要展现高超的技巧，这其中包含设计以及建造的技术，而更多的是满足当地村民的情感需求，满足他们对于美好生活的向往。

图3-37　村民自主改造小院效果图

（4）定期回访跟踪，和村民共同总结经验

柏林寺村村民参与式设计的建设过程，是一项公共事业，而不是政府、集体、村民、开发商或设计师单方面的工作。“村民主导、政府协作、设计引导、社会支持”的组织模式环环相扣，不可或缺。村民参与式设计重点在于如何激发村民的积极性和主动性，让村民自愿参与到村庄的建设中来。在这个过程中，需要政府和集体的政策引导，需要专业设计团队的技术指导和技术支持，也需要社会多方力量的参与和社会资金的援助与刺激。整个工作不再是传统意义上的技术工作，而是引导和帮助村民进行思想转变、技术进步和机制创新，在村庄内部构建一个能自我修正、自我更新和自我完善的集体建设机制。在这个机制中，村民是乡村环境营造中真正的主导者，是项目立项、方案编制、实施运维的中坚力量，也是村庄环境改善的直接受益者。

2019 年春天，中规院技术团队对柏林寺村进行回访，村民们热情地邀请团队加入“最美院落”评比活动，村民兴奋地交流着院落布置的新创意、新想法、植物种植维护的小窍门。干净整洁的村庄、充满建设热情的村民让我们坚信，以村民为主体开展的乡村美好环境建设给村民带来的不仅是生活环境的改变，更多的是思想和生活态度的转变。中规院技术团队通过与村民共商，共画，共建的形式，提升了村民的主人翁意识，乡村人居环境建设进入了一种“需求—努力—实现—幸福”的良性循环，从而获得了持续的生命力和影响力。改造后的村庄有了新的面貌（图 3-38），更绿更美好的村庄环境让每一位村民露出了幸福的笑脸。

图3-38　改造后村庄环境更加美好

乡村环境承载着大量人类活动的痕迹，它不单单是舒适与否的体现，更是村民日常生活的缩影，反映着村民的生活需求及审美意识。技术团队在柏林寺村探索以村民为主体的参与式乡村环境设计建设方法，逐步实现乡村环境的提升改善。工作中融合以施工队为主体不依照设计图纸快速推进建设周期的“无设计模式”、以乡镇政府为主体依照设计样板图纸统一建设的“样板式”、以设计师为主体依靠较高的成本投入建设网红项目的“乡建式”，以政府、开发商、设计师组成建设主体，共同推进工程建设的“统筹规划建设式”。四种模式各有优势，但也普遍存在如村民需求无法满足、建设效果无法维持、建设风貌千篇一律，建设投资较大，以及不能真正调动村民的主观能动性等问题。融合上述四种模式的优点，中规院技术团队在公共环境整治中，试图探索一种有效益、可实施、可持续的新的模式。探索还在进行中。

3.2.3 污水管网铺设

（1）污水处理现状

柏林寺村村民住宅依山傍水而建，具有典型的陂塘系统特点。居民生活用水主要为地下水，日常洗衣、厨房产生的杂排灰水排入房前池塘，自然净化后回补地下水；冲厕水经化粪池简易处理后排入农田作为灌溉用水，或直排池塘（图 3-39）。

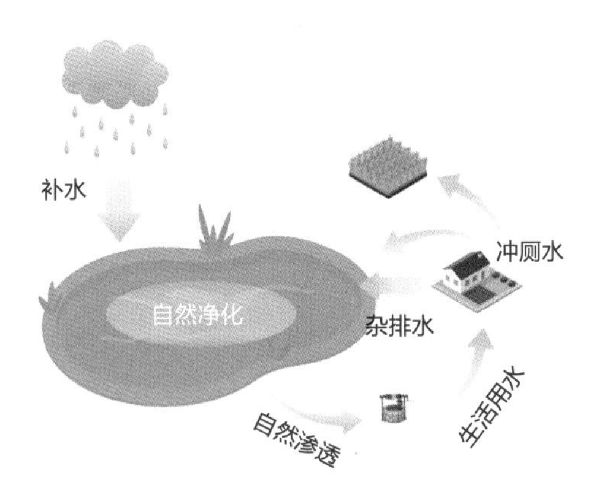

图3-39　陂塘系统水循环示意图

然而，由于村民对于污水处理和环境保护的意识较为薄弱，加上经济条件、用地空间的限制，有不少农户的化粪池只有单格，处理效果较差，甚至没有化粪池。处理不完全或未经处理的生活污水直排池塘，导致池塘水质持续恶化（图 3-40）。村民洗衣、做饭产生的灰水一般通过边沟排放（图 3-41）。由于缺乏日常清理维护，边沟破损严重，还有养殖废水排入，严重影响村容村貌和居民生活环境。

图3-40　污水处理系统改造前池塘水质严重恶化

图3-41　村民生活灰水排放边沟

（2）污水改造策略

图3-42　技术团队与村民研究污水处理设施选址

开展污水处理设施改造，减少污水直排，是柏林寺村环境改善的首要任务，也是村民的迫切需求。柏林寺村多次召开村民集体会议，与技术团队共同制定污水处理系统改造方案，确定了“黑灰分离、分片实施”的总体策略（图 3-42）。

根据地势特点和农房分布情况，将大塘黄格划分为 5 个片区，提出针对性的污水处理系统改造策略。其中，片区一 7 户农户无化粪池或化粪池较小，通过多户合建三格化粪池，污水处理后自然下渗；片区二因养殖污水、生活污水直排，导致沿主干道明沟环境恶劣，村民意见较多，是大塘黄格环境整治的工作重点。通过沿沟建设黑灰分离的排水系统提升环境质量，减轻大塘污水受纳负荷；污水由末端的土壤渗滤处理设施处理，出水用于农田灌溉；片区三部分农户无化粪池或化粪池容积较小，可多户合建化粪池，土壤自然下渗，溢流沿明沟排入大塘。现状明沟年久失修，杂草丛生，修缮改造后恢复排水功能和景观功能；片区四多为公共活动空间，也是大塘黄格标志性建筑村史馆所在地。现状公厕化粪池溢流沿暗渠排至下游水塘，气味较重，严重影响感官体验，因此采用污水管排至下游处理，恢复暗渠的灌溉功能。由于地势低洼，雨水沿台阶汇集至此，建设小花坛可起到蓄滞雨水和改善景观的功能；片区五环境卫生条件较好，农户自建的多户共用化粪池处理效果显著。该片区由村委提供材料，由农户结合实际情况对自家化粪池和排水设施进行完善（图 3-43、图 3-44）。

（3）污水改造成效

柏林寺村的污水处理设施建设全部由村民自发组织实施，县政府以奖补方式结算工程费用。据统计，柏林寺村污水处理设施建设发动村民 40 余位，建设成本约 80 万元，与传统建设模式相比极大减少了工程直接投入。改造后的柏林寺村消除了污水直排，改善了居住环境，同时也提高了村民的环境保护意识（图 3-45、图 3-46）。

图3-43　大塘黄格基础设施建设方案

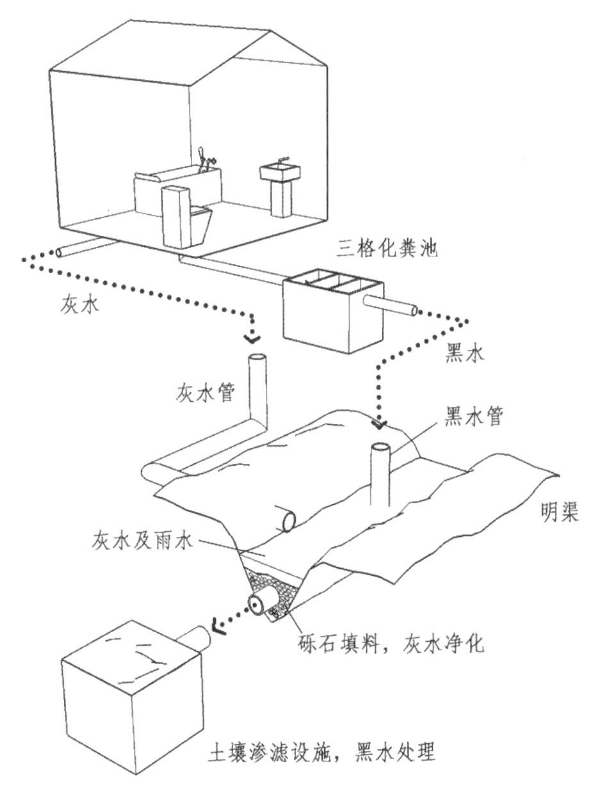

图3-44　黑灰分离的排水系统示意图

图3-45　村民共同铺设污水管道

图3-46　明沟改造后

柏林寺村示范项目摒弃了以往政府包办的工作模式，以“共同缔造”理念为指导思想，鼓励村民自发解决环境问题，为农村基础设施建设提供了可复制、可推广的新思路。

3.2.4　垃圾收集处理

改造前，柏林寺村生活垃圾“村收集、镇转运”体系不够完善，因处理量有限、运输距离较远，转运至七里坪镇成本较高。村内生活垃圾露天简易堆放，后以焚烧处理为主，严重影响居住环境（图 3–47）。

图3-47　改造前生活垃圾堆放点

为解决垃圾处理难题技术团队引入“零废弃”垃圾分类理念，降低垃圾收集和外运成本。建立适合本村特点的垃圾分类规则，减少垃圾外运压力（图 3–48）。

充分发挥村委会带头作用，中规院技术团队与村民共商制定适合本村的垃圾分类规则，将垃圾分类制度的建立与村管理互动相结合。可回收利用的垃圾集中收集，卖给定期来村的废品收购人员，收入由村集体支配；建设堆肥站，将可腐烂垃圾堆肥后还田利用；其他不可回收垃圾通过卫生填埋处理；改造现状垃圾堆放点（图 3–49），方便保洁员转运垃圾。成立资源回收教育基地和交流中心，发挥老年人余热，利用废弃物建立特色旅游项目。

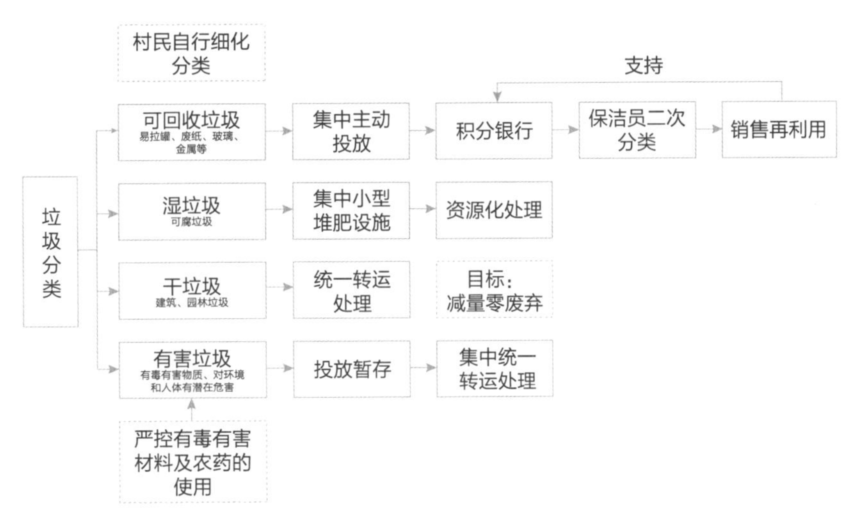

图3-48　垃圾分类技术路线

2018 年的世界环境日，中规院技术团队在方西河小学开展了垃圾分类知识普及活动，近六十名学生参与活动。团队成员宁梦菲、何钰成以寓教于乐的形式讲解了环境保护的重要性和环境污染的危害，并用“共同缔造”的理念导入，系统教授小朋友们在农村最易开展的干湿结合的垃圾分类方法，引导学生们保持个人卫生、家庭卫生、学校卫生和社区卫生，为打造美丽乡村做出自己小小的努力（图 3-50、图 3-51）。

图3-49　垃圾分类收集亭

图3-50　技术团队开展垃圾分类宣传教育

图3-51　垃圾分类宣传教育

3.2.5 厕所改造

柏林寺村多数农户化粪池建设标准低，部分农户未设置化粪池；村中有公共厕所 1 处，化粪池容量不足，出水通过原有灌溉沟渠排放至下游池塘。生活污水散排、乱排导致池塘水质较差，对村庄环境、居民饮水安全造成不利影响。

村两委发挥带头作用，组织村民自愿报名开展户厕改造，由中规院技术团队开展改造培训，与村民共同确定改造方案，测算工程造价，由理事会和施工组审核方案内容，统一改造标准，村民自主施工，对不满足要求的户厕、化粪池进行改造（图 3–52）。

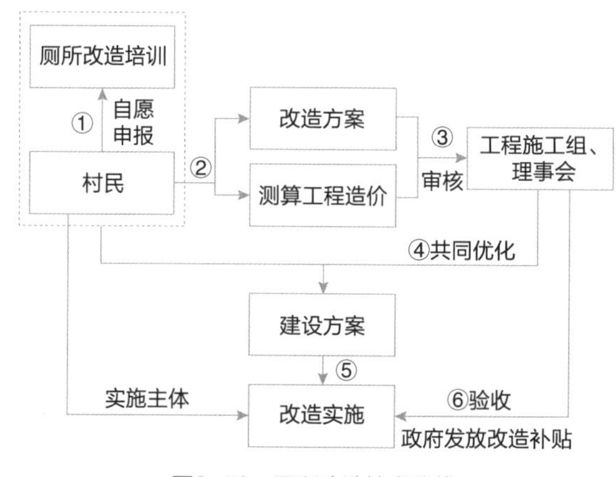

图3–52　厕所改造技术路线

由于受地形限制，为进一步提升池塘水环境质量，鼓励多户合建污水处理设施，采用土壤渗滤方式，对化粪池出水进行深度处理（图 3–53~ 图 3–55）。

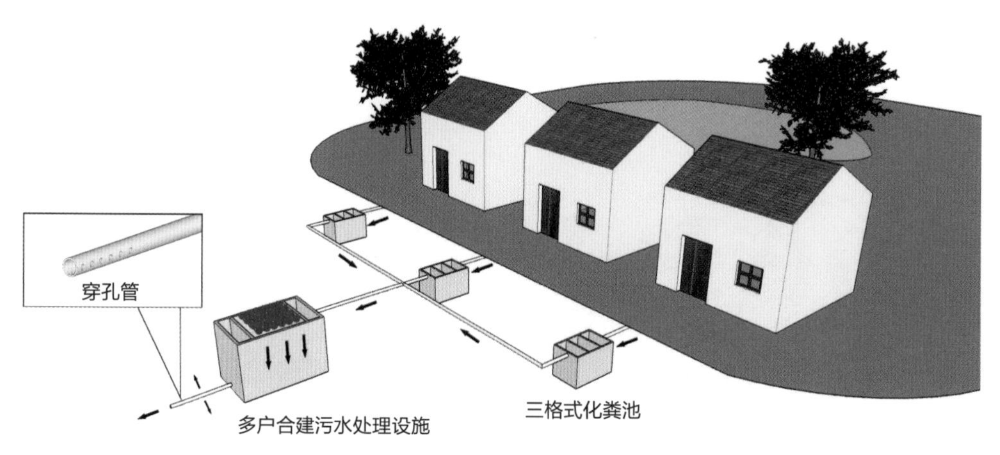

图3–53　多户合建污水处理设施

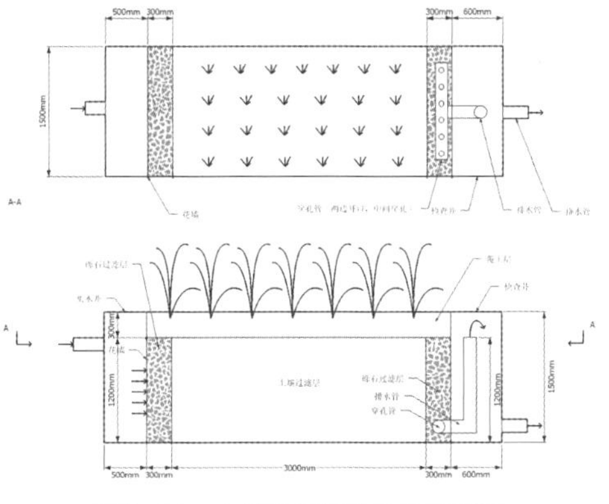

图3-54　土壤渗滤设施结构示意图

图3-55　多户合建土壤渗滤设施

扩建公厕化粪池，新建污水管，将溢流排至下游处理。恢复暗渠的灌溉功能；建设小花坛可发挥蓄滞雨水和改善景观的功能（图 3-56、图 3-57）。

图3-56　新建排水管道

图3-57　扩建现状公厕化粪池

3.2.6　村史馆改造

（1）存在问题

在柏林寺村的发展建设过程中，村民们认为村里面缺少一个可以展示及宣传的地方。与村委商讨以后，他们一致认为在村子的入口处建立一座村史馆，既可以作为村历史文化展示，又可以作为村民活动休闲的地方。团队入驻之初，村史馆为上一轮美丽乡村建设方案，刚完成主体结构建设（图 3-58）。设计功能为国学馆，纯展示作用，与村民生活较疏远，无法满足村民实际使用需求，空间利用率较低。

（2）村民需求

随着人口老龄化的情况愈加严峻，其所带来的社会压力和经济压力也日益明显。老年人需要更多的社会服务和医疗服务。村民迫切的希望本轮改造能考虑具体使用人群，比如老人和孩子的使用需求（图 3–59）。通过与村民沟通，技术团队了解到好多老人还用的是老年人手机，想孩子了只能打电话，见不到人。村民希望可以增加一个能帮助老人网络视频的地方，可以用电脑和孩子聊天。部分老人身体病弱，但就医不便，希望可以增加医疗紧急救助站，解决一部分老人看“小病”的需求。村里留守儿童较多，下午放学后没有地方可以学习，村民希望村史馆也能有桌椅板凳，能给孩子提供一个学习做作业的空间。

图3–58　村史馆改造前现状

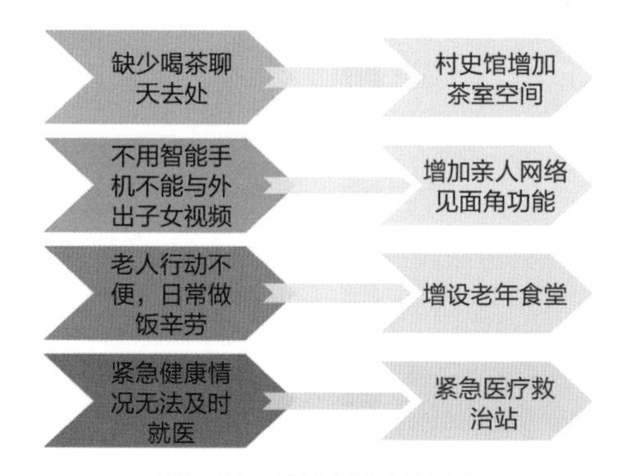

图3–59　村民实际使用需求

柏林寺村启动“共同缔造”示范时，村史馆主体结构正好完工，原计划墙体立面贴瓷砖。中规院技术团队介入后紧急叫停，设计师解释贴瓷砖是城市的做法，建筑外立面无法体现村子的历史和文化，没有柏林寺村的特色。刚开始村民怎么也想不通，为什么城市里的就不好看呢？直到中规院技术团队带他们去参观了郝堂村、苍葭冲村，村民才明白原来村里的房子，有点乡土气才好看。

（3）改造方案

村史馆为在建建筑改造，原设计仅为展陈空间，考虑到具体使用人群后，我们增加了休闲茶室、亲人见面角、老年食堂、紧急医疗救治站等功能，并且开办留守儿童的四点半课堂，功能优化，重点服务老人和儿童（图 3–60）。

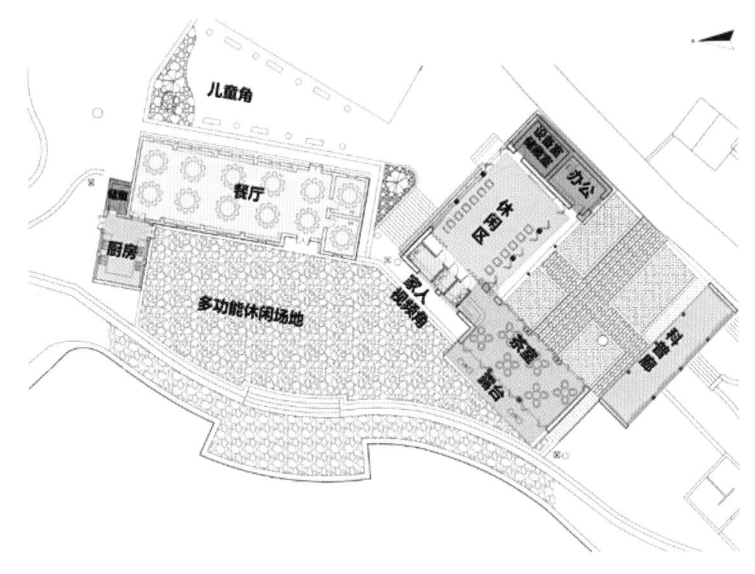

图3-60　功能优化图

①使用功能的优化。

村子老龄化严重，年轻人多外出务工，节假日才会返乡探亲，关注老年人的生活起居尤为重要。技术团队和理事会商议，在丰富村史馆功能的基础上向老年人倾斜，提出增加专人管理的老年活动室和老年共享食堂等更符合老年群体需求的功能，还在村史馆一角设立了茶室、亲人见面角（图 3-61）和紧急医疗救治站，中规院统筹协调为村集体捐助了硬件设备。

图3-61　村里老人在使用电脑跟家人视频

②传统建筑风貌的延续。

通过营建传统本土的特色乡建，采用本地材料与做法，延续传统建筑风貌，让老百姓记得住乡愁（图 3-62）。在村史馆的改造过程中，中规院技术团队摒弃常规的水泥硬质铺装，考虑儿童友好，兼顾孩子 1 米高度视线，采用低矮院墙的形式，并且在施工中充分发挥老百姓的能动性，院内的鹅卵石地面皆为村民自发铺设而成。对于建筑立面的改造，取消贴瓷砖、刷大白的平庸做法，还原片石砌筑的朴素质感。湖北地区多潮湿闷热，对于门窗等构件，中规院技术团队没有将其封闭，而是采用折叠木格栅门窗，不仅可以加强有效通风，还可以联通空间，内外共享。建筑邻水而建，原界面较为封闭，中规院技术团队在活动室增设观景平台，丰富亲水空间（图 3-63、图 3-64）。

图3-62　村史馆鸟瞰实景照片

图3-63　改造后的村史馆整体效果

改造前　　　　改造后

儿童友好 1 米高度

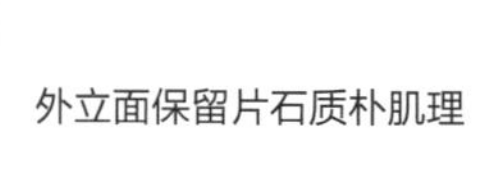

外立面保留片石质朴肌理

折叠百叶木门窗

外增设观湖眺望平台

图3-64　改造措施

图3-65　村民自发的带着设备来村史馆跳舞

图3-66　老年食堂外立面

（4）实施成效

村史馆已经正式运营使用，得到老年群体的一致称赞，有些村民会自发地带着卡拉 OK 机过来，晚上的村史馆成为了村里新组建的舞蹈队的固定活动场所（图 3–65）。好多村民平时都喜欢来这里，大家自发地搬了一些桌椅板凳过来，晚上这边临着水，小风一吹特别凉快，大家乘凉休憩好不自在。

村史馆老年食堂不单单是吃饭的地方，更是老人晚年的幸福之家（图 3–66）。村内老年食堂开业后，老人只要花 3~5 元钱，甚至一些高龄老人不花钱，就能吃到一整天的舒心饭。在上午和下午的闲暇时光，老年食堂还成为了老年人打牌和聊天的固定去处（图 3–67）。对于村里的老人来说，这里是幸福食堂，对于普通村民和游客来说，这里又是农家餐馆。可谓一举多得。

图3-67　老年食堂既可以吃饭，又是休闲的好去处

结合四点半课堂，柏林寺村先后组织开展了“废物利用”手工课堂、“共同缔造”演讲比赛、“爱我家园”绘画大赛等活动，以孩子为媒介，向村民宣传共同缔造理念（图 3–68）。大家都觉得这个村史馆改造得特别好，人气可高了！

建设改造村史馆具有以下意义：

①传承历史文化。村史馆可以展示村庄的历史、传统文化和风土人情，帮助村民和游客了解村庄的发展历程、文化传统和重要事件，从而传承和弘扬村庄的历史文化。

图3-68 “废物利用”手工课堂在村史馆举办

②强化文化认同。村史馆可以加强村民对自己家乡的认同感和归属感，为村民提供了解自己家乡历史和文化的机会，有利于增强村民对家乡的文化认同和自豪感。

③教育意义。村史馆可以成为教育基地，向学生和公众传授村庄的历史、文化和传统知识，培养对家乡的热爱和保护意识，促进青少年的历史文化教育。

④促进旅游发展。村史馆可以成为村庄旅游的景点，吸引游客前来参观，促进当地旅游业的发展，增加村庄的经济收入。

⑤保护文物史料。村史馆可以收藏展示村庄的文物古迹和珍贵历史资料，起到保护和传承文物的作用，对于村庄的文化遗产保护具有重要意义。

因此，建立村史馆有利于传承和弘扬村庄的历史文化，增强村民文化认同，推动村庄旅游发展，提升村庄整体形象，促进文化传承和保护。

3.3 共同参与和评价环境建设

3.3.1 环境问题现状

（1）公共环境和自家卫生都不乐观

柏林寺村位于红安县山区，经过几轮乡村建设后，村庄环境有了明显的改善，但仍然面临着一些挑战和问题。

公共空间方面：基础设施缺乏有效维护，小型露天广场和基础锻炼设施生锈腐烂，影响正常使用。村中水塘可用于蓄养鱼虾，也可浇灌农田，夏日还能种养荷花、收获莲藕，本应是难得的生态景观，但由于缺乏有效的管理和保护，部分水塘出现了恶臭，甚至被生活污水污染，严重影响了村庄的美观和水资源的可持续利用。此外，水塘周边缺乏必要的安全防护措施，给村民特别是儿童的安全带来了隐患。农田和菜园布局不合理，导致地块割裂和环境破坏，部分无人归属的地块甚至成为了垃圾倾倒的场所，严重影响了村庄的环境卫生。公厕卫生状况不佳，公共卫生设施建设和管理不足。公共空间如街道和广场存在杂物堆放、车辆乱停、私搭乱建等问题，影响了村庄整洁美观。垃圾分类和回收工作虽已开展，但因回收不及时和管理不到位，导致垃圾堆积和资源浪费。

村民居住空间方面：村民房屋多为砖混结构，村庄风貌半土不洋，风貌不协调；村民新建房时，建筑材料和废弃材料随意堆放，影响村庄整洁和污染环境。生活污水排放不当，未经处理直接流入沟渠或水塘，影响水质和生态环境。院内杂物随意堆放、车辆无序停放、私搭乱建等现象普遍，影响了居住环境和质量。

环境管理方面：村里按照政策统一配备了一名低保户担任保洁员，负责清理村内主干道、打扫公厕、广场等公共区域的卫生，并配合镇上派来的垃圾车清运垃圾池里的垃圾。然而，保洁员的工资相对较低，加之村里缺乏公共监督的习惯，导致卫生工作做得并不彻底，存在卫生死角。有时垃圾清运不及时，导致垃圾堆放较多。在这种情况下，村委会组织几个人焚烧垃圾，并将灰烬运到山里。这种做法虽然短期内解决了垃圾堆积的问题，但垃圾焚烧会污染大气，有害垃圾的焚烧还可能产生有毒物质，对村民的身体健康构成威胁。村庄环境管理缺乏长效机制，导致问题反复出现，如垃圾堆积、污染等。春季沙尘和秋冬雨雪给环境卫生带来额外挑战，加速了房屋的磨损。

（2）传统解决方式治标不治本

针对柏林寺村公共环境问题的传统解决方式，虽然在一定程度上缓解了环境卫生的压力，但往往只是治标不治本，未能从根本上解决问题。如何让村民日常居住的环境时刻保持干净卫生，让村民们一时很头大。村理事会召开会议，讨论如何解决这一问题。

有人建议村民们集资再请一个保洁员，但有人不同意，认为村民们收入有限，再出资聘请保洁员不划算。也有人建议村干部带头，定期组织大清扫活动，但反对者认为这种做法可能会过于繁琐，难以长期坚持。还有人提议将村内区域划分，归属到个人，让村民各自负责自己区域的卫生，但这种方案的执行效果受到质疑，因为自觉遵守规则的村民并不多。

面对这些不同的声音和建议，技术团队探索更有效的解决策略，从根本上改

图3-69 乡村振兴彩绘墙

图3-70 成果共享宣传标语

善和维护环境卫生状况（图 3-69、图 3-70）。

提高村民环保意识。通过教育和宣传活动，提高村民的环保意识，让村民认识到环境卫生的重要性，并主动参与到环境保护中来。

建立长效监督机制，建立和完善公共区域的卫生监督机制，确保保洁工作的质量和效果。

优化垃圾处理方式，改进垃圾处理方式，避免焚烧等污染环境的做法，探索更环保的垃圾处理和回收利用方法。

鼓励村民自管自治，通过村民大会等形式，共同讨论和决定村内环境卫生的管理办法。

寻求外部支持和合作，与政府部门、非政府组织等外部机构合作，寻求技术和资金支持，共同改善村庄环境。

这些都被列入中规院技术团队的备忘录里，首先要发动村民，激发村民热情，齐抓共管，共同参与和评价环境建设。

3.3.2 发动群众齐抓共管保护环境

开展环境整治是第一步，共管共评是持续维护第二步。在技术团队入驻前，村民们并没有完全意识到这些问题，村干部也只是就事论事，发生一件事解决一件事，按下葫芦起来瓢，并没有系统解决这些问题的能力。

对于村庄环境、村容风貌，技术团队在综合考察了柏林寺情况后，认为柏林寺村不宜学城里风格贴瓷砖、做这种半土半洋的房屋，村里的卫生由村民自己管起来才是最持续的方式。但是光靠苦口婆心的劝说，是改变不了长久以来形成的思维习惯的，必须要有冲击性的活生生例子摆在眼前，让他们可感可知才能在精神上触动，再以“羊群效应”为示范带动全村人出力维护家乡环境。

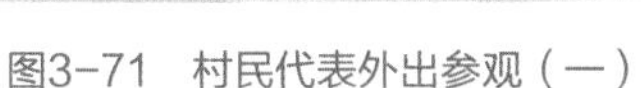

图3-71　村民代表外出参观（一）

图3-72　村民代表外出参观（二）

（1）前往苍葭冲和郝堂村“取经”学榜样

在以往，村里的干部和居民很少有机会外出学习，他们对于外界的了解相对有限。对于如何营造一个优美的村庄环境，他们缺乏直观的体验和深入的思考。他们不知道，其他村庄通过精心规划和共同努力，已经创造出了令人向往的宜居环境。他们未曾意识到，一个村庄的整洁与和谐，是可以通过集体的智慧和勤劳的双手一点一滴构建起来的。

在技术团队的组织下，村两委和理事会成员代表走出了自己的村庄，前往被赞誉为“乡村振兴网红村”的苍葭冲和郝堂村进行实地考察。村民们带着好奇和求知的心态，渴望从这些成功案例中汲取经验和灵感。

在苍葭冲，村民们被那里的自然风光深深吸引。山峦含黛，绿树成荫，村庄与自然和谐共生，展现出一种未经雕琢的原始美。在郝堂村，村民们见证了村民如何通过组织“清洁家园”行动，制定《村民规约》，开设道德讲堂，开展志愿服务等活动，共同营造了一个干净整洁、和谐有序的社区环境（图3-71、图3-72）。

这次外出参观主要是为了让村两委和理事会成员开阔视野，也是希望带给他们心灵的触动和思想的启迪。理事会成员深刻认识到，村庄环境的美化与维护，并非遥不可及的梦想，而是可以通过实际行动，一点一滴实现的目标。他们开始思考如何将这些宝贵的经验带回自己的村庄，激发村民的环保意识，共同打造一个更加美好的家园。

受到苍葭冲和郝堂村的启发，理事会成员回到自己的村庄后，立即行动起来。他们动员各家各户，带头将村里清扫整理了一遍。村民们意识到只有每个人都行动起来，才能共同维护好村庄的生态环境，让这份生态之美得以传承。

（2）策划组织多次环保主题活动

环保教育，从娃娃抓起。技术团队深知，充分利用“四点半”课堂这一宝贵的教育时机，培养环保意识从孩子做起。系统地开展环境保护和垃圾分类方面的教学活动。在轻松愉快的氛围中，技术团队向学生们传授生活中的基本卫生常识，解释“垃圾分类”的概念，教授他们如何进行有效的垃圾分类，以及垃圾焚烧的危害和废弃物的创新利用方式。

在“六一”国际儿童节期间，技术团队策划了一场别开生面的垃圾清理活动专场。他们与方西小学紧密合作，共同开展“大手拉小手”垃圾清理活动。活动邀请了大塘黄格的家长和孩子们一起步行前往小广场，一路上，技术团队引导家长和孩子们互动，鼓励他们主动发现并捡起路边的垃圾，培养孩子们成为家乡的环保小卫士。

在活动中，孩子们遇见专门负责垃圾管理的工作人员，亲身体验了一番大人的辛苦。技术团队借此机会向孩子们详细讲解垃圾分类的知识，让他们在实践中学习和成长。这次活动不仅让孩子们学到了宝贵的环保知识，也让家长们意识到儿童节的更深层次意义，增进了家长与孩子们之间的亲情关系。更重要的是，以孩子为媒介，技术团队向村民宣传了优美的村庄环境的重要性，以及优美环境需要村民共同缔造的理念。

技术团队持续在村里开展各种形式的环保宣传和教育活动，比如组织环保主题的讲座、展览和竞赛，先后组织了“废物利用”手工课堂、“爱我家园绘画大赛”等一系列丰富多彩的活动（图 3–73），旨在激发孩子们的创造力和想象力，培养他们的环保意识和爱国情怀，鼓励村民参与到垃圾分类和废物利用的实际行动中来。技术团队还与当地政府合作，推动建立垃圾分类和回收的长效机制，确保环保行动的持续性和有效性。

图3–73　四点半课堂孩子们的环保作品

2018 年 8 月，技术团队协助理事会召开了一场“共同缔造美丽乡村演讲表演赛”，邀请了四点半课堂里的孩子们当主角，把他们的满分作文在现场进行展演，给孩子们提供了一个锻炼和展示自我的平台。同时，也邀请了村里的示范户作为选手，分享他们美化庭院的经验和故事。这不仅是对环保理念的一次深入人心的宣传，也是对村民自发参与乡村美化工作的一次积极引导。表演赛这一活动吸引了大批村民参与，高峰时活动现场的观众近七十人。孩子们的演讲充满了稚嫩与真挚，示范户的庭院美化案例则让大家深受启发。这样的文艺活动以其直观、生动和感染力强的特点，成为了宣传环保理念的有效途径。它不仅提升了村民的环保意识，也在无形中树立了美好环境共同缔造的民风民俗。

通过中规院技术团队的不懈努力和村民们的积极参与，村里的环保意识得到了显著提升。孩子们成为了环保行动的小小推动者，家长们成为了环保理念的传播者。

（3）示范户带头，展开庭院美化“攀比”

在追求美好生活的征途上，环境美化是提升生活品质的重要一环。一个充满绿意和生机的家园，不仅能够为居民带来视觉上的享受，还能在精神层面上带来愉悦和满足。中规院技术团队积极推动村庄美化工程，旨在通过绿化和美化活动，改善村庄环境，提高村民的幸福感和归属感。

为了实现这一目标，中规院技术团队向县环保局申请了一定数量的苗木，计划在村庄的公共区域如道路两旁和广场进行种植，同时也鼓励村民参与到美化家园的行动中来。

这一行动很快得到了村民的积极响应。一些村民主动申请树苗和花卉，希望在自己的院子里增添一抹绿意。他们利用家中的瓶瓶罐罐，巧妙地移栽绿植，将废旧物品转化为美化环境的工具。大塘黄格湾的黄焱平家成为了村里第一个美化庭院的示范户，他们家的行动激励了更多的村民参与到这场美化家园的行动中来。

在黄焱平家的庭院美化过程中，也出现了一些家庭内部的小争议。家中的小孩想要实践美化庭院的“课堂作业”，妻子想要种植花草以打发时间，而婆婆则希望利用院子空间种植蔬菜。丈夫担心绿化会影响农机的存放，对庭院绿化持保留态度。面对这一争议，驻村规划师变身为家庭纠纷调解员，他们耐心地与家庭成员一起商议，寻找一个既能满足家庭成员需求，又不妨碍农机停放的解决方案。规划师还与孩子们一起动手，绘制出他们心中的理想庭院。

经过一番讨论和规划，全家人达成了一致的决定：在大门两侧种植蔷薇，既美化了环境，又不影响农机的进出；在院内墙脚种植葡萄和辣椒，既满足了婆婆和妻子种植蔬菜和花草的愿望，也为家庭提供了新鲜的食材。这样的安排让全家人都非常开心，他们共同动手，将庭院打造成了一个充满生机与和谐的绿色空间（图 3-74）。

图3-74　示范户黄焱平家美化院落

绿化行动，不仅提升了村庄的生态环境，更重要的是，它激发了村民对美好生活的向往和追求。村民之间甚至展开“攀比”，争相美化自家庭院，一个个家庭团结协作。越来越多的村民开始意识到，即使是小小的院落，也可以通过绿化和美化，变成一个充满生机和温馨的角落。

（4）孩童当考官，创新环评方式

在推动村庄环保和美化家园的进程中，传统的评比方式往往显得形式单一，难以深入人心。为了打破这一局限，中规院技术团队和四点半课堂共同策划了一场别开生面的“我心中最美院落”评比活动。此次活动的亮点在于，创新性地邀请了村里的孩子们担任评委。这一提议打破了传统的评选模式，以往评选通常由村干部和理事会成员来担任评审，他们凭借的是自己的威望和社会地位。而这次，孩子们的纯真视角和公正无私成为了评选的新标准。

在评比之前，孩子们接受了简短的培训，学习如何成为合格的评审。他们被告知要重点检查院落、门口的清洁情况，查看是否有垃圾，并且要到农户家里的厕所进行检查。孩子们对于这次活动感到非常兴奋，他们像真正的检查官一样，认真地查看每家每户，仔细地进行估量，并给出自己的评分。

评比现场充满了欢声笑语。这些孩子都是在村里长大的，村民们对他们也很熟悉。对于孩子们的到来，村民们表现出了热烈的欢迎，有的家庭甚至因为孩子们要检查厕所而感到有些不好意思。这样的互动不仅让孩子们得到了锻炼，也让村民们感受到了评比活动的轻松和乐趣。

评比结束后，技术团队将孩子们的打分情况进行了汇总，并在村里进行了公示。得分最高的几户人家得到了奖励，而得分较低的家庭也收到了一份特别的礼物——一把扫帚，鼓励他们继续努力，改善自家的卫生状况。

这次评比活动不仅树立了优秀环境卫士的典范，更重要的是，在村民中广泛传播了保护环境、美化环境的意识。通过孩子们的参与，环保的理念变得更加生动和具体，村民们也开始意识到，每个人都可以为美化家园做出贡献。

（5）设立责任组，环评制度化

在技术团队的专业指导下，柏林寺村理事会采取了一系列创新措施，以提升村庄的环境卫生管理水平。首先，理事会对房前屋后进行了细致的责任分区划定，包括将水塘等公共区域也明确划分到各个家庭中，确保每一处区域都有明确的责任主体。基于此，村里讨论并形成了《大塘黄格湾卫生分区责任管理办法》，为环境卫生管理提供了明确的规范和指导。

村里规划了专门的垃圾存放区，将建筑垃圾和生活垃圾分开放置，以便于更有效地进行垃圾处理和回收。通过挨家挨户的解释说明，并在村内显眼位置张贴公示（图 3–75），确保每位村民都了解新的规定。最终，每户都签署了责任状，承诺将负责自家房前屋后的卫生工作。

图3–75　村里到处可见搞好卫生、共同缔造的宣传语

为了确保制度的执行和效果，理事会每半个月组织一次卫生评比活动。对于在评比中表现优秀的家庭给予奖励，而对于卫生工作不到位的家庭则实施适当的惩罚。这种奖惩结合的评比机制，有效地激励了村民积极参与到环境卫生的维护中来。

借鉴学生评分的成功经验，村里进一步讨论并形成了《村庄环境卫生评比办法》。在此基础上，成立了专门的环境整治评估小组，由理事会成员担任，负责定期对村庄的环境卫生状况进行评估。

评估小组的主要工作内容包括：每月或每季度对村民的院落进行评比，针对存在问题的院落提供单向指导，帮助他们改进；对保持良好环境卫生的家庭给予物质奖励，如洗衣液、抽纸巾等实用生活用品，单次奖励的总价控制在 200 元左右。评比结果和获奖名单会在村中进行张贴公示，形成了一种正向的激励机制，鼓励更多村民自觉维护环境卫生。

通过设立责任组和制度化评比，柏林寺村的环境卫生管理取得了显著成效（图 3–76、图 3–77）。村民的环保意识得到提升，村庄环境变得更加整洁美观。这一系列措施不仅改善了村庄的环境卫生状况，也增强了村民的归属感和幸福感，为构建和谐美丽的乡村环境奠定了坚实的基础。

图3–76　干净整洁的村居环境（红安电视台提供）

图3–77　干净的公厕

（6）共管见成效，人居环境华丽蜕变

柏林寺村在孩子们的评分、村民自主评比、积分兑换奖励等一系列创新活动的推动下，成功激发了村民参与人居环境建设和整治工作的热情。群众的意识从被动的“要我干”转变为积极主动的“我要干”，村庄的各个整治项目得以顺利推进。村容村貌的整治、厕所革命、农村污水治理、农村垃圾无害化处理、村庄绿化等工作都取得了显著成效。这些变化不仅提升了村庄的外在形象，更重要的是改善了村民的生活质量，增强了村民对村庄的归属感和幸福感。

评比活动的热情化，进一步激发了村民的内在动力。村民们不再仅仅攀比谁家楼层建得高，而是谁家的院子装扮得更美，谁家引进了一种本地不常见的苗木，这些话题成为了村里闲话广场上的热门内容。村民们注重起自家庭院的整理，主动打扫房前屋后的环境卫生。中央水塘再也没有发出臭味，生活污水得到了妥善处理，流进了下水管道。新栽的树苗在风中摇曳生姿，整个村庄呈现出一片生机勃勃的景象（图 3–78、图 3–79）。

图3–78　村庄环境大变样

图3–79　风貌一新

随着各项整治工作的不断深入，柏林寺村的村容村貌焕然一新。村庄道路变得更加宽阔，出行变得更加方便。房前屋后的环境变得整洁有序，邻里之间的关系也变得更加和谐。晚饭后，村民们会聚集在休闲广场上散步聊天，享受着宁静美好的乡村生活。孩子们在广场上嬉戏玩耍，老年人在树荫下悠闲地聊天，年轻人则在篮球场上挥洒汗水。村庄的每一个角落都充满了生机与活力，村民们的脸上洋溢着幸福的笑容。

柏林寺村的共管共治实践，充分证明了村民参与的力量。通过创新的评比和积分激励机制，村民们的环保意识得到了提升，村庄的人居环境得到了显著改善。

3.4 兼顾各方需求共享发展成果

3.4.1 老年食堂解民忧

柏林寺村是一个典型的老龄化村庄，年轻人外出务工、老年人留守，这也是中国大多数村庄的普遍现象。节假日年轻人的短暂回归，平日里的村庄显得格外宁静，老龄化带来的社会和经济压力日益凸显。老年人的生活起居，特别是饮食问题，成为了村内亟需解决的一大难题。一般家庭结构中，中青年都在外务工，年轻点的父母能跟着到外地帮忙照顾下一代，年长些的老人由于身体原因和心理需求，都喜欢留在村中。儿女不在身边，家中又只有一位老人留守的，年龄大吃饭就是个最大难题。为了图省事，常常一天只做一次饭，反复热着剩饭剩菜吃，这对老人的健康构成了威胁。随着老龄化程度的加深，这一问题变得更加紧迫。

（1）老年食堂的构想与挑战

在应对人口老龄化的挑战上，世界各地的社区都在探索创新的解决方案。一些成功的案例显示，老年食堂不仅能够为老年人提供营养均衡的饮食，还能成为他们社交和娱乐的平台，显著提升他们的生活质量。例如，在一些发达城市和地区，老年食堂已经成为社区服务的重要组成部分，它们通常由政府、社会组织或慈善机构资助，确保每位老人都能享受到便捷、健康的饮食服务。这些老年食堂的成功运营，为柏林寺村提供了宝贵的经验和启示。

在这样的背景下，中规院技术团队在进行村庄调研时，村里的关爱老人小组提出了建立老年食堂的想法，旨在解决老年人的饮食问题，同时鼓励他们走出家门，增进社交互动。村两委、理事会和技术团队开始积极谋划老年食堂的建设，计划把村史馆的一间房屋改造成老年活动室和老年食堂，为全村60岁以上的空巢老人提供敬老餐。

想法提出后要具体实施，面临资金来源、食堂运营、食物量的控制、是否收费等一系列问题。最初，村委财务会计表示反对，认为成本难以覆盖，且可能缺乏愿意承担此任务的人。“成本包不下来，没人愿意干。”

村两委和理事会一起开专项讨论会，挨户敲门走访老人了解意向。村里有八九户低保、五保户，有养老院他们也不愿意去，嫌那个地方人少太冷清，缺乏家的温馨。听说要建食堂，都举双手赞成。这表明，老年食堂的建立有着坚实的群众基础和迫切的现实需求。

这坚定了村委和理事会建设老年食堂的决心。为此，他们投入了大量的时间和精力，召开了十多次会议（图 3-80），想从服务保障和经济效益上能实现老年食堂的长期运营。经过大约三四个月的深入讨论和协商，终于达成了一个共识方案。

图3-80　柏林寺村理事会讨论

（2）认真谋划，争取服务质量与经济效益双赢

老年食堂建设方案采取了创新的运营模式：食堂由个人承包，同时建立公共账户，鼓励党员和在外打工的村民捐款，各家各户也可以捐献一些食材。村委出资为老人办理饭卡，根据老人的年龄提供不同的优惠：65-70 岁老人一日三餐只需支付 5 元，70-80 岁付 3 元，80 岁以上及鳏寡孤独者免费用餐。这样的收费制度既考虑了食堂的运营成本，又确保了服务的可持续性。

村委还特别考虑到食材准备量的控制问题，避免因全部免费而导致的浪费。同时，为了确保承包人得到合理回报，食堂也被允许对外接待，村里的红白喜事，谁家盖新居要请客吃饭，或者满月酒升学宴，也可以在食堂举办，从而为食堂带来额外的收入。

尽管经过精心计算，老年食堂在经济上可能仍然难以实现盈利。但村委和理事会更看重的是其社会价值和对老年人生活的改善。在发出承包公告后，有四人报名，经过仔细考察，黄福和被认定为最合适的承包人。他不仅积极热情，而且具备在县城经商的经验，他的家庭也非常支持村庄事务。

村委书记刘有福在与黄福和的谈话中，明确提出了对老年食堂运营的要求和期望。他强调，老年食堂是一项服务性工作，必须始终把老人的利益放在首位，个人经济利益居次。这不仅是对黄福和的要求，也是对整个老年食堂运营团队的期望。

（3）老人食堂开张运营

在村委和理事会的不懈努力下，加上黄福和的积极参与，2017 年底，柏林寺村的老年食堂终于迎来了开张的大喜日子（图 3-81）。这不仅是对村庄老龄化挑战的有力回应，更是对村民关爱老人传统的一种传承和发扬。村里的人们纷纷对这个新生事物竖起了大拇指，表示赞许和支持。

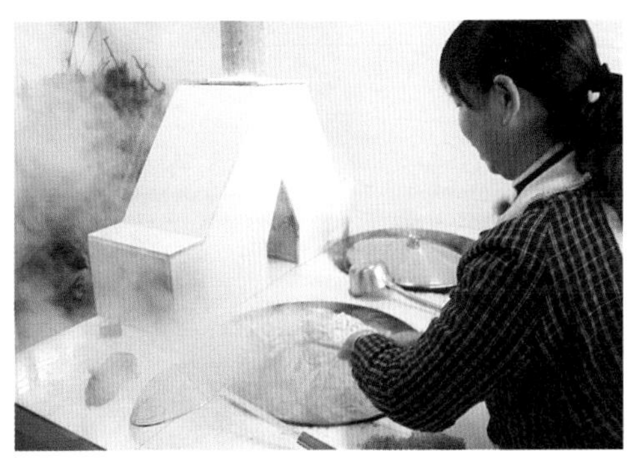

图3-81　老年食堂试运营

图3-82　老年食堂初期黄福和弟媳正在准备午餐

村民们互相比赛，争相慷慨地将自己地里的新鲜蔬菜送到食堂，胡萝卜、白菜等食材源源不断地汇集到这里。黄福和带领全家人投入到食堂的运营中，他的媳妇和弟媳妇在厨房里忙碌着，为老人们准备着可口的饭菜（图 3-82）。

每天中午用餐结束后，黄福和都会亲切地询问老人们：“今天的菜可口吗？晚上想吃些什么？”他的老父亲黄崇埙也在这里用餐，与其他老人一起享受美好的时光。在这里，不论是用餐还是闲暇时，老人们都可以打牌、下棋，享受属于他们的快乐。无论外面的天气如何，老年食堂里总是洋溢着欢声笑语。

黄福和对老年食堂的未来有着长远的规划。因为食堂的设备还比较简陋，未来要不断添置和完善。他计划安装有线电视，为老年人提供更多的娱乐选择。他还打算承包一块虾塘，打理一个大菜园，种植更多的蔬菜，丰富菜谱，增加饭菜的营养和菜品多样性。

老年食堂就是老年人温暖的家，在这里经营者要像对待自己的父母一样对待每一位老人，多关心老人，嘘寒问暖，让他们在这里感受到家的温暖。每当有老人过生日时，食堂会特别增加一个肉菜，与老人们一起庆祝，让他们感受到被关爱和尊重。

经营者黄福和表示，人到中年，已不再渴望外面的世界，而是选择留在家中，侍奉自己的父亲，同时照顾村里的所有孤寡老人。他希望通过自己的努力，让每一位老人都能安度晚年，享受幸福和安宁，同时自己也在其中体现作为一个村民的价值与存在。

柏林寺村老年食堂的建立，是村委、理事会以及全体村民共同努力的结果。它不仅体现了对老年人的关爱和责任，也展示了村民团结协作、共同解决问题的精神。通过创新运营模式和精心规划，老年食堂有望成为改善老年人生活、增进村民凝聚力的重要平台。

3.4.2 多功能村史馆

在柏林寺村，村民们最常去的场所除了村委会就是新落成的村史馆。地理位置优越、视野开阔，修建一新的村史馆是新晋打卡点。在建设改造之初，中规院技术团队深入调研了村民的实际需求，精心规划了多功能使用空间，使村史馆成为了一个集展示、教育、娱乐、社交于一体的综合性场所。村史馆既是展示村庄历史、传统文化和风土人情的场地，也是服务老人和儿童，兼顾中青年群体需求，是村里使用率最高的村民公共生活空间。

（1）村史馆“原身”

“村史馆”是个统称，实际上包含了村主干道旁边的三间大屋子和坡地下、水塘边的两间主屋。这块地不仅面积大、临湖、靠近村口，又挨着广场，这些房屋原本都是村民个人住宅。

大塘黄格湾的黄姓村民，遵循家谱中的辈分，其中77岁的黄崇埙是村里年龄最长、辈分最高的老人。黄崇埙老人虽然只有小学文化，但酷爱读书，尤其喜欢研读党中央政策和国家领导人的讲话。当村史馆的设计人员看中他家的祖宅时，村委上门做工作，黄崇埙老人毫不犹豫地表示愿意捐献。尽管他的儿孙们最初并不同意，但黄崇埙老人坚定地说服了家人，并以身作则，表示愿意捐出自己的房子。

黄崇埙老人在一次与孙子通话时提到了捐宅子的事，他的话语中透露出对党的政策的信任和对村庄发展的期待。他说服家人说：“党的政策这么好，村里会给咱换一块地盖新房，这块地儿就让出去吧，你们不要再有意见了。”他的这种无私精神和对村庄发展的大力支持，深深影响了家人和周围的人。

在黄崇埙老人的带动下，邻居黄顺启、黄顺友兄弟也同意将自己的房屋置换出来，用于建设村史馆和游客接待中心，后者后来改为老年食堂。村委以三家原宅为基础进行修建和改造，最终建成了今天的村史馆。这座村史馆不仅展示了村庄的历史和文化，更成为了村民日常生活的重要组成部分。黄崇埙老人及其邻居的无私奉献，为村史馆的建设奠定了坚实的基础，也为村民参与村庄规划建设，推进共同缔造示范发挥引导作用。

（2）温馨港湾，照顾老人生活和情感需求

柏林寺村许多老人使用的是功能有限的老年手机，缺乏与现代社会沟通的桥梁。由于网络覆盖不足，他们与外界尤其是子女的联系大多依赖传统的电话沟

通，难以满足他们对亲情交流的渴望。想孩子了只能打电话，见不到人，这种情况在很大程度上加剧了老年人的情感孤独感。

针对这一问题，技术团队对柏林寺村的村史馆进行了创新功能转型，完善改造方案，组织捐助有关电子设备开辟了“网络亲人见面角”，配备了电脑和网络设施，让老人们能够通过视频通话与远方的家人见面，缓解思念之情。此外，村史馆一角还设立了茶室和紧急医疗救助站，充分照顾老年群体的实际需求，为老年人提供了一个集休闲、社交和医疗服务于一体的综合空间。

通过村史馆实现对老年人的关怀行动，是共同缔造示范中的一项重要实践。通过创新服务模式，整合资源，柏林寺村为老年人提供了一个温馨、便利的生活环境，同时也为美好环境与幸福生活共同缔造注入了新的活力。未来随着服务的不断完善和深入，柏林寺村的每一位老人都能享有更加幸福、安康的晚年生活。

（3）成长乐园，照顾孩童学习和娱乐需求

在柏林寺村，如许多乡村一样，许多年轻父母为了生计外出务工，留下孩子由祖辈照料。这些留守儿童不仅需要物质上的关怀，更渴望精神上的陪伴和智力上的刺激。他们需要一个能够激发创造力、锻炼身体和社交能力的综合场所。村史馆，作为村里的文化中心，自然成为了满足这些需求的理想地点。

技术团队和村委积极响应村民的呼声，将村史馆的一部分空间改造成儿童学习和娱乐的场所。几张大桌子拼在一起，成为孩子们宽敞的学习课桌。村史馆临水而建，夏日里凉风习习，为孩子们提供了一个宜人的学习环境。

夏日午后，村史馆的“四点半课堂”就开始了，孩子们放学后也有了好去处。四点半课堂的开设，不仅丰富了留守儿童的课余生活，还有助于他们身心全面发展。通过手工课堂，孩子们学会了如何利用废弃物品制作手工艺品，培养了动手能力和创新思维。演讲比赛和绘画大赛则为孩子们提供了展示自我、表达情感的平台，增强了自信心和社交能力。

工作过程中，村委会、学校、家长、技术团队以及村民齐心协力，联手互动，各尽所能。村委会提供了场地和资源支持，学校老师和志愿者参与活动的策划和执行，家长们则给予了积极的配合和鼓励，技术团队和志愿者无偿提供课后服务和指导。通过多方协作，共同为孩子们打造了一个充满爱与关怀的成长环境（图 3–83、图 3–84）。

村史馆作为儿童学习和娱乐的场所，不仅满足了孩子们的需求，也促进了家庭和社会的和谐。它成为了连接孩子、家庭和社会的纽带，增强了村民之间的交

图3-83　四点半课堂作品展示

图3-84　四点半课堂挂牌

流和互动，提升了柏林寺乡村的凝聚力。柏林寺村史馆改造体现了各方对下一代的关怀和期望。一个充满爱、关怀和学习机会的环境，为柏林寺村孩子们的成长提供了坚实支持。随着更多类似举措的实施，柏林寺村的孩子们一定能够在快乐中成长，在探索中学习，成为未来社会的有用之才。

（4）活力空间，照顾中青年健身和社交需求

柏林寺村史馆坐落于村庄的心脏地带，它不仅是村庄历史的见证者，更是村民日常生活的中心。村史馆配备了基本的设施，如电源、电扇等，为村民提供了一个舒适的公共活动空间。随着村民对精神文化生活需求的增加，村史馆逐渐成为了村民社交、娱乐和文化活动的聚集地。

村史馆的地理位置优越，加之设施完善，自然而然成为了村民夜间活动的热点。中青年群体开始相约在村史馆前跳广场舞，这一活动不仅锻炼了身体，也增进了邻里间的友谊。随着时间的推移，越来越多的村民被这里的热闹氛围所吸引，他们自发地搬来了更多的桌椅板凳，以满足不断增长的活动需求。

一些村民带来了卡拉 OK 设备，使得村史馆成为了一个露天的 KTV，大家在这里唱歌、跳舞，享受着夜晚的欢乐（图 3-85）。村史馆的人气日益高涨，成为了文化活动的聚集地，丰富了村民的精神文化生活，促进了村民文化生活的多样性，为村民提供了一个展示自我、相互交流的平台，通过共同参与活动，加强了彼此的交流，增加了村庄的凝聚力和对村庄文化的认同感和归属感。

图3-85　村史馆提供了投影设备

柏林寺村史馆的活力空间，是村民共同智慧的结晶。村民是谋划者、组织者，更是使用者、维护者、享受者。是村庄文化传承的载体，更是村民日常生活的重要场所。随着村史馆功能的不断完善和拓展，村史馆将为村民带来更多的欢乐和幸福。

（5）红星之家，党员联系服务群众平台

村史馆还是党建活动的重要场所，被 3 个湾组列为党建“红星之家”，将紧急医疗救助站、亲人网络见面室、老年人活动中心、无线网络、快递驿站等便民服务向红星之家聚集，丰富群众的精神文化生活，打通联系服务群众最后一百米（图 3–86~ 图 3–89）。

村史馆下面的老年食堂，第二个功能便是大唐黄格湾的“红星之家”，村第二党小组把支部活动“搬”到了这里，每月至少组织一次党小组学习活动。

“红星之家”逐步成为柏林寺村党员服务群众的核心平台。“红星之家”的建设让村民们享受了便捷服务，激发了村民投身美好环境与幸福生活共同缔造，共建美丽乡村的热情和干劲，感受到了党的温暖和关怀。

图3–86　红安县“五进湾组”宣传内容张贴在老年食堂——红星之家

图3–87　聂家坳组红星驿站

图3–88　“红星之家”“党建幸福家园”

图3-89　村史馆一间屋子用作快递驿站

第4章 初见成效

4.1 柏林寺村共同缔造成效

4.1.1 村庄空间环境明显改观

（1）村庄环境更宜居

共同缔造示范开展前，柏林寺村杂草乱生、垃圾杂物乱堆乱放、庭院鸡禽粪便未清理、积水泛绿等现象比较严重，村民也对此习以为常，常年处于无人管护的状态。共同缔造示范工作开展以来，从村庄“全面四清”开始，村两委组织村民重点对村内垃圾、杂物、残垣断壁和路障、庭院等进行集中清理，公共区域划定分区，环境卫生责任到人，村里的房前屋后垃圾得到及时清理，原来堆放了十多年的垃圾杂物都被清理干净，村庄公共环境从原来的“无人管、无人动”，到村民“齐动手、共维持”。开展村庄绿化美化行动，组织村民、与中规院技术团队一起用当地简易卵石、竹篱笆、闲置瓶瓶罐罐等，旧物再利用，改造庭院、美化菜园、果园，清理村口刘家河周边环境，村庄居住环境得到极大改善，村里的杂物不见了，放眼望去是干净整洁有序的道路，村民房前屋后的菜地和绿化生机盎然，用碎石修建成了挡土墙，小树枝修建成了菜园篱笆，既利用了现有的材料，又保存了村庄特色。村庄环境得到了美化（图4-1），村民们参与建设的积极性也大大提高。

图4-1 村庄人居环境改善

（2）基础设施更完善

共同缔造示范开展前，村内部分农户的生活污水、猪圈的水不经过处理就直接排放，在夏天天气热的时候，气味很重，蚊虫很多，严重影响村容村貌。共同缔造示范开展后，柏林寺村两委召开村民大会，号召组织村民开展户厕旱厕改水厕行动，通过多户合建化粪池，解决了部分农户由于没有化粪池或化粪池不规范造成的污水乱排问题（图 4-2）。技术团队积极支持村两委和理事会在征求村民意见基础上，从“微改造、精提升、少花钱、成效大”的原则出发，利用道路旁边的排水明沟做改造，梳理和优化村庄的黑水、灰水排污系统，并在末端增设生态化、小型化的处理设施，补齐了村庄基础设施的短板，村庄整体环境卫生得到很大的提升，黑水没有了，臭味消失了，垃圾清理了，村民笑开了。

图4-2 公共厕所化粪池改造图

（3）活动场所更丰富

共同缔造示范开展前，村民活动的大广场经常因日晒雨淋，村民使用率不高，在建村史馆功能单一，仅有展示宣传功能。共同缔造示范开展后，技术团队根据村民的意愿和诉求，对村史馆的功能进行了优化，村史馆建成后，成为村民们休闲娱乐的好去处，村民自发捐献了老物件，搬来了自家闲置的桌椅，乡贤也捐钱购买了一些新家具。现在，村史馆成为村民最喜欢的活动场所，茶余饭后相约到这里跳广场舞，还成立了业余舞蹈队；不会用智能手机的老人也可以在“亲人见面角”通过电脑与在外工作的子女视频通话；暑期课堂的教学点也选在这里。干净舒适的环境让村民们真心感受到共同缔造的成果（图 4–3、图 4–4）。

图4–3　村史馆的文体活动图

图4–4　村史馆的小课堂图

（4）乡风文明更和谐

村庄留守老人较多，如何吃饭是个共性问题。共同缔造示范开展后，村里成立了理事会，提出了“弘扬尊老、互助养老”的想法，商议成立了村庄公共设施管理与关爱老人小组，将村史馆的一部分空间改造成亲人见面角，将另一间房屋改造为老年食堂，面向全村所有 65 岁以上的空巢老人提供敬老餐（图 4–5）。村理事会设立公共账户，村两委及理事会号召在外工作的年轻人定期捐赠资金作为食堂运营的辅助资金，鼓励村里的年轻人可赠送肉类、蛋类、瓜果、蔬菜等，把尊老落到实际行动上，让村里的老人老有所养、老有所依。

图4–5　老年食堂

4.1.2 村庄治理更加有序

（1）政府管理服务下沉基层

为改变之前政府和村民信息沟通不畅通，村民反映情况找不对人，政府最新要求传达落实不及时，乡村事务管理部门太多，缺乏统筹的问题，政府相关部门建立了柏林寺村共同缔造“纵向到底”工作机制，以县主要领导牵头，县直各部门和乡镇等部门参与的工作机构，重点对接村民的建议要求，协调管理办法创新、资金整合方案等问题，解决实施中的具体问题（图 4–6）。

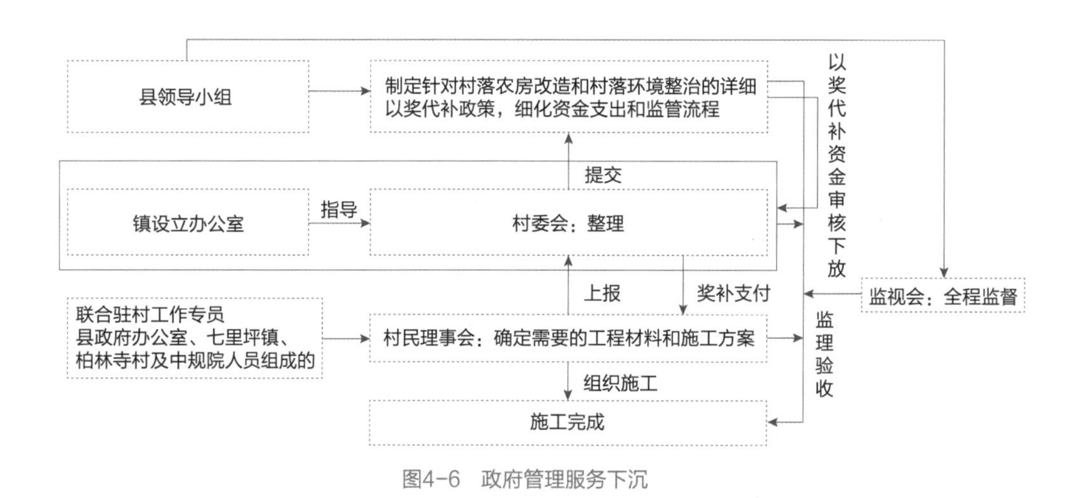

图4–6　政府管理服务下沉

（2）村民广泛参与村庄治理

经过共同缔造示范工作的发动和组织，村民真正成为了村庄的主人。针对过去村民对村庄建设不过问、不管理、不建设、不维护的现象，柏林寺村成立了村民理事会、村经济合作社、专项责任组和村落事务监事会，村内有威望的老人、见识多的年轻村民按照各自的特长、喜好参与到 4 类组织中，上至七八十岁的老人，下到七八岁的小学生都有效组织起来，老人可以做村民关系协调工作，小学生做环境打分评比理念宣传等工作，实现了共同缔造工作人人参与，横向到边（图 4–7）。

图4–7　环境卫生打分评比

4.1.3 工作成效获得肯定

柏林寺村共同缔造示范工作取得初步成效，住房和城乡建设部高度关注。2018 年 9 月，住房和城乡建设部时任主要领导率队到红安县柏林寺村考察脱贫攻坚和美丽宜居乡村共同缔造示范村建设项目，村民向部领导讲述村子如何在产业发展、建筑风貌、老年设施、垃圾分类、污水改造等方面的一步步探索，村支部书记讲解了共同缔造示范工作取得的成效，提出了下一步的希望和建议，并由衷肯定了中规院技术团队等共同缔造示范帮扶单位的工作成效和良好工作风貌。

王蒙徽部长带队赴红安、麻城开展定点扶贫工作调研①

住房和城乡建设部党组书记、部长、部扶贫攻坚领导小组组长王蒙徽为深入贯彻落实习近平总书记关于脱贫攻坚系列重要指示精神，进一步推进住房城乡建设部扶贫工作，9 月 27 日，带队赴湖北省红安县和麻城市开展扶贫调研，听取了两县（市）相关情况汇报，分别深入到红安县柏林寺村和麻城市石桥垸村，实地调研脱贫攻坚工作进展情况。

湖北省红安县和麻城市是住房城乡建设部定点扶贫县。2016 年以来，住房城乡建设部累计安排中央资金 4.9 亿元支持两县（市）的农村危房改造、农村垃圾污水治理、城镇保障性安居工程建设等脱贫攻坚工作，组织动员捐赠 590 万元支持两县产业、光伏和教育扶贫。目前，红安县已脱贫摘帽；麻城市现有贫困村 85 个，贫困人口 33470 户、84860 人，贫困发生率从 16.8% 降至 8.9%，计划 2019 年脱贫摘帽。

王蒙徽一行首先来到柏林寺村。据住房城乡建设部派出的帮扶团队中国规划设计研究院院长杨保军介绍，开展示范的难点是把村民思想从“等靠要”转变为“主动想主动干”的过程，帮扶团队积极探索通过农村“美好环境与和谐社会共同缔造”方法推进乡村治理的途径，通过部里组织的培训和实地参观学习，规划团队从过去的“出方案、搞建设”的主角转变为引导、帮扶

① 王蒙徽部长带队赴红安、麻城开展定点扶贫工作调研[N]. 中国建设报，2018-10-08.

村民的参谋；县镇政府从过去“立项目、干工程”大包大揽转变为创新机制激励引导和支持村民；村民也从“要我干”转变为“我要干”。

村民小郭向王蒙徽介绍说，村民的思想转变了，大家主动出谋划策，参加村庄建设积极性很高，都说自己事自己想自己干，特别开心。比如村史馆建设，原来设计的是封闭式玻璃房，村民觉得密不透风不好用，但觉得事不关己就算了。现在经帮扶团队和村民共同协商后改成了通透式设计，又好看又实用。老人闲余时在此喝茶聊天活动，通过电脑与外地亲人视频聊天。帮扶团队在此为孩子们举办下午“四点半”课堂活动，讲解基本卫生常识、垃圾分类、废弃物利用方式方法等，举办“小手拉大手”垃圾清理、“爱我家园绘画比赛”、“我心中最美的柏林寺演讲比赛”等活动，不仅对小朋友宣传环保理念，还吸引了大批家长参与其中。

据村党支部书记刘有福介绍，柏林寺村一共416户农户，其中贫困户111户、354人，目前已全部脱贫。本村乡贤、华中科技大学教授刘灵敬2012年回村创办了生态农业公司，通过成立专业合作社，坚持生态有机农业种养，助力精准扶贫，带动村民一起致富。目前，生态农业基地为本村80多名村民提供了就业岗位，平均每人每年能增加2万元左右的收入。

村民们纷纷表示，除了收入增加，村里变化最大的就是房前屋后的环境变美了。村民小黄介绍说，以前垃圾没人管，一进村就能闻到一股臭味。村民理事会召集村民划分了房前屋后责任分区，制定了《村庄环境卫生评比办法》，明确了奖惩，村民自己清理责任区里的垃圾；还组织20余名小朋友作为“环保小卫士”，对村内家庭环境及公共环境卫生进行评比打分，既保证了公平公正，又让孩子从小培养爱护环境的意识。刘有福说，现在村民自己每天清理一次，比原来垃圾清洁员打扫得还干净。

据刘有福介绍，村民思想积极后，事情就好办了，为了建设家园，村民共同协商提出了“砍树不补、拆房不补、占地不补、投工不补”的方法，今年为了建过境公路，村民无偿拔掉公路占地红线范围内树苗、拆养殖场围墙28米和房屋6间，投工投劳参与土石方挖掘、排水管铺设合计上万元。为了在村西侧水塘边建百姓大舞台，村民黄忠仁主动无偿拆除了自家打米面房，带动周围几户村民拆除了自家牛棚。

……

王蒙徽在调研过程中指出，麻城市和红安县的美好环境与和谐社会共同缔造实践开展大半年，已经取得初步成效。王蒙徽强调，乡村振兴离不开和谐稳定的社会环境，要创新发展，让农村社会既充满活力又和谐有序。既要建立一二三产融合发展机制，增加农民收入；也要注意统筹布局县城、中心镇、行政村三级公共服务设施，方便村民生产生活；还要建立政府、社会、村民共建、共治、共享机制，完善乡村治理，让社会更加和谐，老百姓更加幸福。

住房和城乡建设部党组成员、副部长倪虹，住房和城乡建设部党组成员、办公厅主任常青，湖北省副省长陈安丽以及黄冈市、红安县、麻城市等有关负责人一同参加调研。

2018 年 11 月，住房和城乡建设部在湖北麻城市召开定点扶贫县脱贫攻坚工作推进会暨美好环境和幸福生活共同缔造工作现场会，各省 (自治区、直辖市) 和新疆生产建设兵团住房和城乡建设部门、住房和城乡建设部扶贫领导小组成员单位和相关协会负责同志参加会议。会议深入学习贯彻习近平总书记关于实施脱贫攻坚战略、乡村振兴的系列重要讲话精神，交流美好环境与幸福生活共同缔造工作经验，推动定点扶贫县脱贫攻坚工作。会议组织参会同志现场考察了红安县柏林寺村共同缔造示范开展情况，红安县有关负责同志介绍了脱贫攻坚和美好环境与幸福生活共同缔造工作经验 (图 4-8 ~ 图 4-10)。

图4-8　座谈会议现场

图4-9　中规院技术团队陪同现场考察

图4-10　参观老年食堂

4.2 共同缔造实施路径

4.2.1 工作基础：组织活动、发动群众

思想是行动的前提。组织发动村民参与乡村规划建设是共同缔造的基础，要使村民形成普遍共识，愿意共同为村庄的发展贡献自身的力量。仅通过宣讲进行动员教育效果较为一般，为了更好发动群众，凝聚共识，中规院技术团队与村两委一起，摸索出了“组织活动，唤醒公共意识”“集体考察，凝聚群众共识”等行之有效的方法。

（1）组织活动，唤醒公共意识

传统乡村是熟人社会，但在城镇化背景下，很多村民日常都在城市就业生活，除了节假日，乡村平时都以留守老年人为主；即便在逢年过节外出人员回到老家也以串亲访友为主，很少有全村集体参加的活动将大家汇聚在一起，共同商讨村庄发展等事宜。因此，开展共同缔造的首要任务是创造机会，搭建平台要通过活动组织，把村民聚在一起，唤起大家的公共意识共商村庄发展大事。

在柏林寺村经过和村两委商议，第一次集体活动选在了五一假期期间，因为假期返乡人员较多。由于是第一次活动，担心大家参与的积极性有限，选择了“周末百家宴及美食评选”活动，村民一户拿出一个“拿手菜”参与美食评选。也是在百家宴上，中规院技术团队详细介绍了共同缔造的工作理念与方法，七里坪镇领导表明了政府推进共同缔造试点的决心，一些热心村民提出了完善村老年人活动场所、整修下水渠等具体需求。活动欢声笑语，气氛和谐，经村两委和部分村民的带动，村民们共议村庄发展前景，场面十分热闹。一位村民对技术团队说“好多年没有这么多人聚在一起，一起讨论村庄的事务了，看来虽然很多人平时不在家，但对村子还是关心的”。经过百家宴后再与村民进行访谈、聊天明显感觉大家的关心等更为亲近了，村民也更有兴趣关注村庄规划建设等公共事务了。

（2）集体考察，凝聚群众共识

为了使村民能够接受共同缔造的工作理念，对村落未来发展充满信心，找到合适的样板，组织村民集体进行参观考察是推动共同缔造工作的好方法。推进村庄改造建设的过程中，由于村民们的眼界见识有限，往往认识不到村落历史

建筑、传统风貌的价值，更希望采用贴瓷砖、盖欧式农房等看起来“高大上”的方式。对此，中规院技术团队多次运用专业知识进行解释说明，但是总体效果一般。甚至有群众评价“村史馆改造的方案太土，现在连我自家房子都贴了面砖，村史馆这种代表村子形象的房子怎么能用50、60年代的土坯、木材建设呢，太不上档次了”。

在多次交流效果不明显的情况下，村书记刘有福对技术团队说“你们说的都对，但是老百姓自己没有见到，所以就不踏实啊”。这提醒了技术团队，俗话说百闻不如一见，可以组织村民去实地考察，让成功的案例来说服他们。经过和村两委共同商议，最终选择河南省信阳市郝堂村进行参观。其一是因为郝堂村和柏林寺距离较近，开车1个多小时就能到达；其二是考虑两村同属大别山周边的地带，自然地理环境、村落规模都较为类似，参考借鉴性较强；其三是因为郝堂村名气较大，经过改造建设已经成为全国闻名的村庄。

在活动当天，柏林寺村村两委、村民理事会成员和村民代表来共40多人来到了郝堂村，大家边走边聊。看到整个村子环境风貌非常统一，保留下来的老房子改造成了咖啡馆，成了市民休闲打卡的热点，村民逐步改变了要贴瓷砖的要求。看到郝堂村通过“内置金融”、发动村民共同出资进行乡村建设，村民理事会的理事长老黄书记说，“我们回去也要发动村民捐出部分资金，不在多少，只有真出钱了，大家才能真关心村子的事情”。参观之后，村民回到村里进行了宣传和宣讲，很快就对农房风貌整治的风格、村史馆改造方案达成了共识。

4.2.2 工作对象：一老一小、精准切入

村民也分为很多不同的群体，他们参与共同缔造的能力和意愿存在一定差异。从柏林寺村的实践来看，抓住村里的“一老一小”来重点推进，是事半功倍、见效较快的方式方法。

（1）解决村里老人的实际问题

一老指村内的老年人，在青壮年劳动力大量进城务工的背景下，老年人是村庄日常的主要群体，也是村庄人居环境、基础设施改善的主要受益者。柏林寺村的实践中，为了解决老年人缺少日常活动场所，留守老人自己做饭困难而开设的老年食堂、推动村史馆改造等，都是切实解决老年人的问题。解决留守老人的问题也能得到外出家人的呼应，他们愿意通过捐钱、捐物或投工投劳等方式配合村集体和技术团队的工作。同时村内老年人的威信较高，解决了村内留

守老年的现实问题，他们也会在环境卫生整治、基础设施改造等方面投入更多精力，带动家里人参与共同缔造活动，从而形成了良好的氛围。

（2）从儿童入手推广共同缔造理念

一小是指村内的孩子。少年儿童最能接受新鲜事物，也是易于组织的群体，同时对家长有较强的带动作用。柏林寺村共同缔造工作的顺利推进，就是很好的发挥了儿童的宣传推广作用。

最初是在“六一”儿童节期间，技术团队到学生就读的小学，进行了垃圾分类的讲座，并组织学生在村内开展了环境卫生清理活动，收到不错的效果。放暑假期间，村里小学生多了起来。技术团队通过小学生“四点半课堂”活动的这个平台，向村民持续宣传共同缔造理念，组织小学生化身“环保小卫士”对村内家庭环境及公共环境卫生进行评比打分，指出了当前村内环境卫生“做得好的地方”和“做得不好的地方”。小朋友们树立起来环保意识，并且把环境保护的观念带回家中，让家长一起参与村庄环境治理。以孩子为突破点，能带动更多村民参与到共同缔造工作中来，从关注到理解再到参与，孩子们成为推动环境卫生清洁、宣传共同缔造理念的重要力量。

4.2.3　工作推动：先易后难，从公共空间入手

共同缔造示范开展初期，村民对于共同缔造的理念尚未全面了解，工作的开展宜从村庄的公共空间、村头巷尾、房前屋后等小事切入，这些场所是既是村民日常生活的舞台，也是乡村文化传承与交流的重要场所，这些空间的提档升级是共同缔造的“活名片”，能有效带动村民参与共同缔造工作。

柏林寺村的共同缔造首先从“全面四清”，整治村庄环境开始，时间短、见效快，村民很快见到了村庄的变化，逐渐积极的参与到村庄的村史馆改造、乘凉树周边环境改造、村内池塘改造、打米房改造等这些公共空间的改造。这些公共空间基本不涉及村民的个人财产，在村两委和理事会的组织下，推进工作相对容易，通过这些场所改造呈现出的优美、实用、安全、宜人等效果，充分展示了共同缔造共享村庄公共环境的美好成果，实现“花小钱办大事”，增强群众的满意度和获得感，更容易被村民所接受。同时，公共环境的改造也能进一步激发村民建设美丽家园的热情，为村民主动改造自家庭院、美丽菜园、优美农房奠定了良好的基础，同时也推动了共同缔造工作先易后难、由浅入深、由点及面，循序渐进扩大到整个村庄的建设发展，提升村民生活品质。

4.2.4 工作组织：成立理事会，明确责任

为充分调动村民的主观能动性，参与村庄的建设与管理，在村两委的支持下，柏林寺村成立了村组理事会、村经济合作社、专项责任组和村落事务监事会，四个组织各司其职，推动村落共同缔造。

村组理事会成员由全体村民选举产生，设置 1 个理事长，理事会成员明确不同的分工责任，明确村组内商议、决策的理事会章程。理事会负责在日常收集村民的相关意见并提交村委，村委召开村民代表大会，经 60% 以上村民代表同意后，将相关决策在村内予以公示，村委、理事会及村民代表同时将决策意见向在外打工的村民传达。一般公示期为一周，一周后村内无异议的情况下，村庄决议生效，相关村民诉求将经由村委提交乡镇政府。

村民理事会研究制定了《大塘黄格湾卫生分区责任管理办法》和《村庄环境卫生评比办法》，划定卫生责任分区，由理事会成员组织环境卫生专项组对村庄公共区域的环卫每个月评比一次，奖惩分明。如制定“小手拉大手”的环境评价制度，发挥中小学生公平客观的特点，同时也使村庄内的学生从小参与到村庄事务的管理中，借助村内老年人威信高的特点，使村民参与到环境评价中来，通过效果共评、奖励优秀，也提高了村民的自觉意识，有助于养成良好的卫生习惯。

村内设立由七里坪镇村镇管理所、村两委成员、村民理事会成员共同组成的财务监督管理小组，村内各项资金的收支必须经财务监督小组监督审核并定期向村民公布资金收支与使用情况。

村两委、理事会会同相关部门共同制定了《柏林寺村公共性工程项目资金使用和监管办法》，组成了由七里坪镇村镇管理所、柏林寺村村委会、村民理事会成员、县建筑公司技术管理人员四方参与的村庄施工质量安全管理小组，负责全过程监督各项工程的施工质量与进度。

4.3 共同缔造各方联动

在共同缔造的过程中，地方政府、村两委和中规院技术团队的作用都发生了明显的变化，形成了村集体和村民为主体，地方政府为引领，技术团队支撑的协作联动关系；各方都重新确立了工作重心、厘清工作思路，乡村规划建设推动更为顺畅。县镇政府从过去“立项目、干工程”大包大揽转变为创新机制

激励引导和支持村民；村民也从“被动”转变为“主动”，真正成为村庄的主人，主动谋划、全程参与乡村建设。中规院技术团队改变了过去的“出方案、搞建设”的做法，转变为引导、帮扶村民进行规划建设，从“主办”到“协办”（图 4-11）。

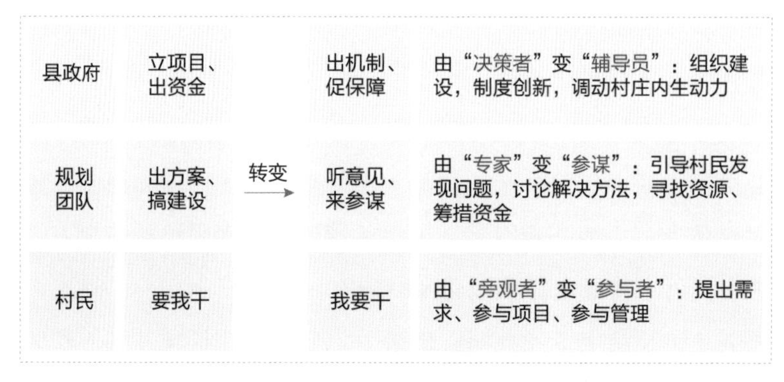

图4-11　多方角色转变

4.3.1　地方政府及部门

（1）转变理念，从包揽到服务保障

政府过去的“大包大揽建设”，结果却经常出现“出力不讨好，花钱找骂”的尴尬局面。所以政府要逐渐“权力瘦身”，不断引入市场和竞争机制，通过“以奖代补”或购买第三方服务，建立高效服务型政府。

（2）加强领导，落实责任主体与责任人

县委和县政府要成立主要领导负总责，分管领导具体抓的领导机制，配备专职管理人员，保障工作经费，制定具体实施计划，明确工作职责，统筹使用好相关补助资金，抓好项目落地、资金使用、推进实施和宣传发动等工作。

乡镇做好具体组织实施工作，加强机构建设和人员配置，安排专职专人负责示范工作。

（3）整合资金，引入“以奖代补”机制

加大资金整合力度，在保证“安排渠道不变、责任主体不变、使用区域集中、规模效益明显”的前提下，用“以奖代补”的方式对人居环境改善、基础设施改善、产业发展等给予奖励补助，确保共同缔造工作取得实效。同时创新政府

财政支持方式，引入“以奖代补”竞争机制，切实制定好相关实施细则，推动村民和各个相关村民自治组织实现“要我干”到“我要干”的转变。

（4）做好协调，强化衔接配合

领导小组做好协调工作，各成员单位按照“建设共担、成果共享”理念，按序实施好项目，加强配合协作，各负其责、互通信息、相互支持、密切配合、整体联动，形成高效运转的工作机制，尽最大力量为示范点工作提供帮助。

各委办局做好服务下沉，强化统筹推进，激发职能部门与村民建设合力，将政府服务平台建到村里，促进多方协作，服务村民和村庄建设。相关技术部门安排专人进村进行服务，审计部门加大对各类项目资金的监督和审计力度，重点审计省、市、县专项资金和其他渠道筹措的资金使用情况。

（5）检查督导，强化考核奖惩

县级人民政府要制定对所辖乡镇的考核要求与标准，县级政府制定考核办法每年对示范试点村工作进行绩效考核。考核达标的试点示范村，给予表彰和奖励，考核不达标的村，要整改并完成日达标任务。

4.3.2 村党支部和村委会

（1）党支部组织和领导

选优配强村两委班子成员，通过以身作则、亲身示范、教育引导等方式提升组织领导村民的能力。在共同缔造工作中以村支部为领导，村委会为支撑，广泛动员、发动村民，把每位村民都纳入到村庄自治组织，让每个村民组织都参与村庄治理，做到“事事有人想、事事有人干、事事有人管”，形成协商共治的乡村治理体系。建立村内的评比、鼓励激励等制度，提升村民参与共同缔造积极性。

（2）党员带动作表率

党员要发挥好先锋模范带头作用，当好排头兵、领头雁，将群众组织起来，紧紧凝聚在党组织周围。在共同缔造工作过程中，如遇到难以推进的情况，可以发动党员先行示范，进而带动全体村民跟进。党员干部要带头创业、带民创业，带头学习实用技术和市场经济知识，带头上项目、兴产业，为村民在创业致富上做出样子、带出路子。

（3）乡贤能人返乡创业

村两委要积极发挥乡贤、能人的影响力，为他们返乡创业提供条件，充分调动乡贤能人的积极性，以点带面，形成辐射和示范效应，带动更多人参与到共同缔造示范工作中来。

4.3.3 技术团队

（1）从“专家”到“参谋”

技术团队要从原来的“专家”转变为村民的“参谋”，从站在专家的视角做设计、出方案，转变为引导村民参与共同缔造，村委协助村民完成村内各方面的发展规划和设计。工作方法由原来自上而下、个人主导转变为自下而上、协同规划；工作内容从原来单纯的空间规划设计转变为村庄综合治理和促进产业发展。

（2）协调促进县、镇纵向到底开展工作

技术团队要多跑路、勤沟通，积极对接政府部门，并及时汇报工作进展情况，同时向政府工作人员讲解宣传共同缔造理念。在工作开展过程中，要协助县镇党委政府下沉到村，促进建立体制机制确保共同缔造工作的长效运行。

（3）不断发动村民，激发村民内生动力

技术团队要主动发动村民，宣传共同缔造观念给村民讲解优秀案例，帮助村民树立信心，找准方法调动村民的积极性，激发村民主体意识。技术团队要创新工作思路，贴近村民开展多样的活动，如通过组织村民联谊会、观影会等方式，不断丰富村民精神文化生活，与村民交心、谈心，拉近与村民的距离。

在共同缔造示范过程中，村民容易出现犹豫和反复，技术团队要“反复讲、讲反复”，不断强化村民参与意识。同时协助村两委完善各个村民自治组织，将全体村民纳入到村庄组织中，努力做到人人能参与、人人有事做。

（4）帮助建章立制，保持共同缔造的活力

技术团队要主动帮助村民建立完善村规民约等各项制度，通过制度建设逐步形成行动自觉。在共同缔造过程中，建立村民议事制度、资金使用与财务监督制度、推动施工质量监管制度、环境卫生评价制度等一系列制度规定，使全体村民能有效参与共同缔造，形成村民参与的长效机制。

（5）解决技术难题，成为村民的贴心帮手

技术团队要利用技术优势，帮助村民解决村庄发展建设的难题。技术团队要现场技术指导与质量监督，与村内的施工队伍实时交流，及时进行技术指导，并承担起技术质量监督的责任，还要帮助村民寻找掌握村庄建设的实用技术等。

根据村民需求和自身能力，开展教育和技能培训。如对村内的留守儿童，利用假期等闲暇时刻，可以开展适当的培训，如垃圾分类、传统文化等；对于村内的留守妇女，可以搭建平台，引进资源，借助社会力量进行技能培训，增能拓经，拓宽增收渠道，帮助脱贫增收。

4.4 共同缔造工作方法

“决策共谋、发展共建、建设共管、效果共评、成果共享”是共同缔造的基本方法，也是前后相继的五个步骤环节。五个环节前后相继，是不可分割的有机整体，其中“决策共谋”是共同缔造的前提基础，发展共建是共同缔造的核心内容，建设共管是共同缔造的长效手段，效果共评是共同缔造的重要环节，而成果共享是共同缔造的最终目标（图 4–12）。

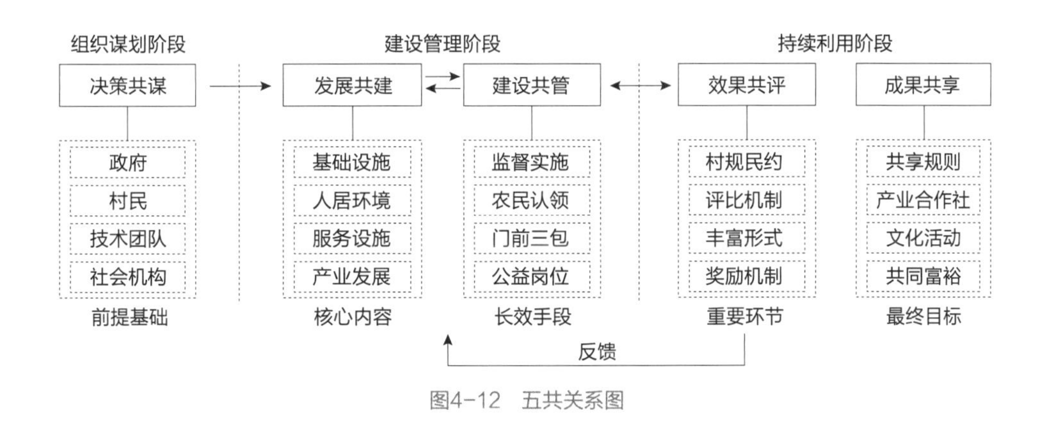

图4–12 五共关系图

4.4.1 “决策共谋”是共同缔造的前提基础

决策共谋是通过组织村民全过程参与，让群众在规划建设决策中充分表达意见，在建设规划上与群众反复协商，最大程度符合群众的利益和需求。在共同缔

造过程中，要通过实地调研、入户走访、发放问卷、开会讨论等方式广泛吸收群众意见，积极发挥村委会、村民代表会议、村民大会等机构的作用，充分了解群众需求。共同缔造特别强调从群众身边小事做起，从群众最关心的事做起，从做得到的事情做起，通过满足人民群众的“微心愿”实现“大治理”。

4.4.2 “发展共建”是共同缔造的核心内容

通过制度设计和组织村民，让村民真正参与到项目的建设过程中，是共同缔造的核心。只有村民真正参与了项目建设，才能进一步凝聚民意，激发他们的智慧和村庄内生发展的动力。根据建设项目的难易程度，可以是村民为主体的环境整治、小广场、小花园建设类项目，以居民自住共建为主；也可以是村集体承担的污水排放改造、村民活动场所改造等较为综合性的项目，政府采用以奖代补的方式进行资金投入；也可以是由专业部门、企业负责，村民具体参与的供水、电力等项目。无论哪种方式，都要以群众参与为先决条件，重在激发群众活力，充分发挥人民群众在共同缔造中的主体作用和地位。

4.4.3 “建设共管”是共同缔造的长效手段

建设共管就是让群众参与公共设施和公共事务的管理和维护。建设共管能够充分调动群众参与管理的积极性和主动性，形成政府、社会、群众对社区事务的共同管理。在发展共建中，由于项目建设通常有一定时限，因而具有短期性的特点，与之相比，社区建设项目的维护和管理具有长期性，更有助于形成长效化的群众参与机制。

4.4.4 “效果共评”是共同缔造的重要环节

效果共评，就是让群众参与共同缔造的成效评价。效果共评也是对共同缔造成果的检验、监督与总结，有效的评价机制能够科学检验缔造的成果，并将评价结果、经验总结反馈至其他环节，为工作方法的优化提升提供依据，实现工作效率的螺旋式提升。效果共评的核心是将评价权交给群众，以人民群众满意与否作为衡量共同缔造成效的标准。在推进效果共评的过程中，重点是建立健全“共同缔造”活动开展情况的评价标准和评价机制，组织居民对活动实效进行评价和反馈。在共同缔造过程中，评价机制体现在事前、事中、事后等各个环节，具有全过程特征。通过将评价权交给人民群众，共同缔造将人民满意这一目标机制化，践行以人民为中心的发展思想。

4.4.5 “成果共享”是共同缔造的最终目标

成果共享就是要让人民群众能够在共同缔造活动中获得实实在在的实惠。当然，“共享”不是鼓励坐享其成，而是通过共同缔造让群众在“共谋、共建、共管、共评”中“共享”，获得满意感。从实践来看，共同缔造的建设项目普遍具有覆盖面广、群众受益程度大的特点，其目的正在于让尽可能多的群众分享共同缔造的成果，为共同缔造积累更深厚的群众基础。正是通过成果共享，群众的满意度、认可度提高了，也将以人民为中心的发展思想落到实处。

深化篇

红安经验渐成

第5章 柏林寺村持续深化共同缔造

5.1 聂家坳村组改造提升

5.1.1 聂家坳村组的改造

(1)背景

柏林寺村大堂黄格共同缔造的开展，形成了典型示范效应，村庄的面貌发生明显改观，尤其是村史馆、老年食堂建成后，反响很好，一度成为村民们最常去、最爱去的地方。紧邻的聂家坳自然组，找到村两委和中规院技术团队，希望像大塘黄格湾一样开展共同缔造，共谋村庄发展的蓝图，改善人居环境，完善公共服务和基础设施。

(2)共同制定发展规划

在村两委的支持下，聂家坳也成立了理事会，并在乡贤和技术团队的支持下，组织村民共同商议，对村组的整体谋划作出了统一安排，形成了聂家坳共同缔造的项目愿景“一张图”(图5-1)。

村内的居住空间，重点聚焦公共活动小广场、公共活动室、公共厕所的建设，增补村民需要的交流空间和必需的公共设施；村口水塘开展生态化、美化、安全提升改造，充分展示村庄新风貌；有序引导村民主要捐出多余的宅

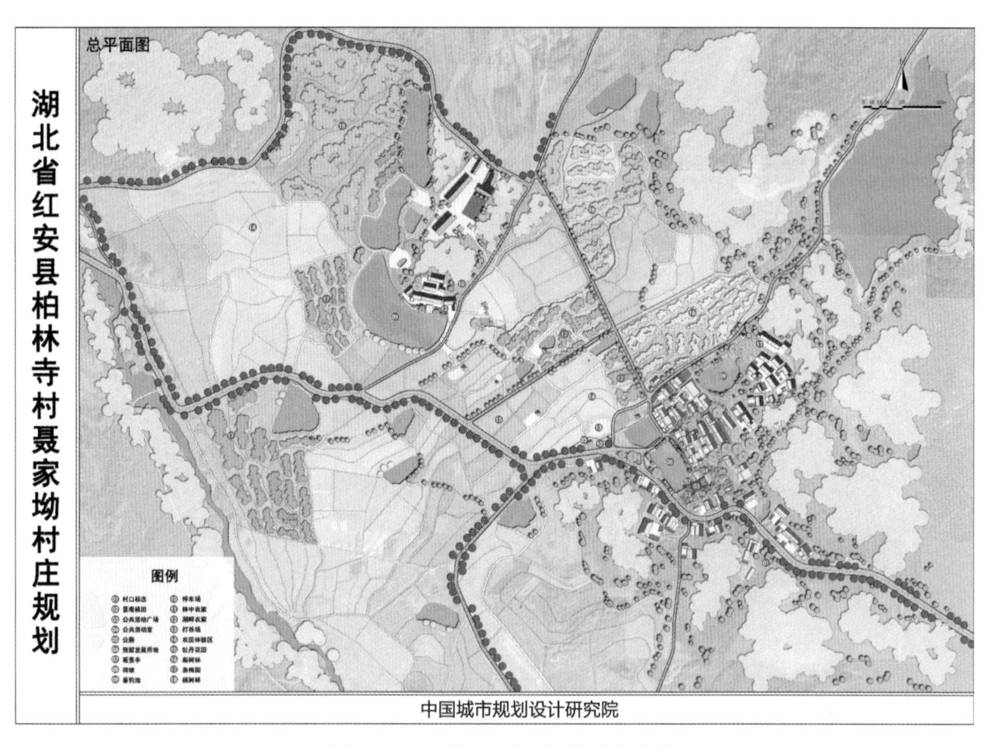

图5-1　聂家坳村庄规划设计总平面图

基地、老房子，在村内环境优美的两处水塘边结合未来产业发展，预留乡村民宿空间。

村内的生产空间，重点依托刘灵敬教授在村里已有的生态农业公司，在与村民达成一致的基础上，逐步开展土地流转工作，建设桃树果林、梨树果林、茶梅园、花田、垂钓池等，将农业生产、乡村体检、果园采摘等深度融合，探索聂家坳特色可持续发展路径。

5.1.2　聂家坳村村民活动中心建设

（1）与村民研讨

通过多次现场调研，中规院技术团队了解到，村民主要有以下四点诉求：村内缺少一个可饮茶、可开会、可休闲的村民活动室；同时村民还希望增加一个老少皆宜的户外休闲广场；在生态环境方面，水塘环境需要整治提升；村委希望未来大力发展旅游业，活动中心在功能设计上需要为未来业态升级预留空间和接口。

（2）设计方案

①选址分析

从红安传统建筑群落上看，其布局大都追求背山面水，建筑多选在地形平坦开阔、水源充足，腹地广阔，有预留用地的山麓山脚地带。聂家坳位于红安县七里坪镇东南部，地理位置得天独厚，南北为山，中间散落一大一小两湾水塘，呈东西长条状走势，一条入村公路紧贴水塘南侧横穿而过。60多户村宅大多坐落于北山与水塘之间的腹地处，公路南侧还有零星几处住宅。整体布局依山面水，村与塘相映生辉，山与水互相成就（图5-2）。

图5-2　聂家坳现状鸟瞰图

村口是村落和自然的分界点，具有标志性、公共性、交通性和聚集性。聂家坳活动中心选址位于村口与入村主干道相连的空地处，满足看与被看的需求（图5-3）。西侧紧邻水塘，东侧为村宅，南侧为入村主干路，北侧为村内次干路。规划用地面积7000平方米，新建总建筑面积为190平方米。基地与主次干道之间存在3米左右高差，场地内部层次丰富，呈南北高中间洼走势。

原基地北部现存两处村宅，在征得村民同意后进行房屋腾退、功能置换（图5-4）。其结构经鉴定后确认为危房，此次改造则在原地基位置参照原高度及屋顶样式，原址新建，规模和体量完美融入现有村落格局（图5-5）。

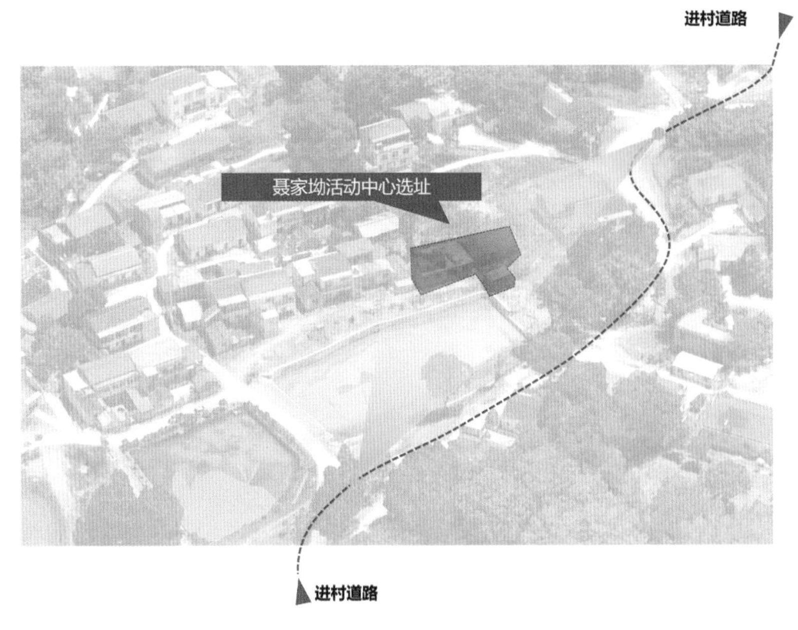

图5-3　聂家坳活动中心选址分析

图5-4　聂家坳活动中心建成前照片

图5-5　聂家坳活动中心建成后整体效果

“道路、边界、区域、节点和标志物”可以说是城市构成主要素，结合村落特点，可以理解为建筑、场地、道路、湖泊和森林是村落构成的基本要素。湖泊和森林元素构成场所节点，建筑和场地阴阳互补，虚实相接，建筑为实，场地为虚，连廊作为交通道路联系建筑与场地（图 5-6）。

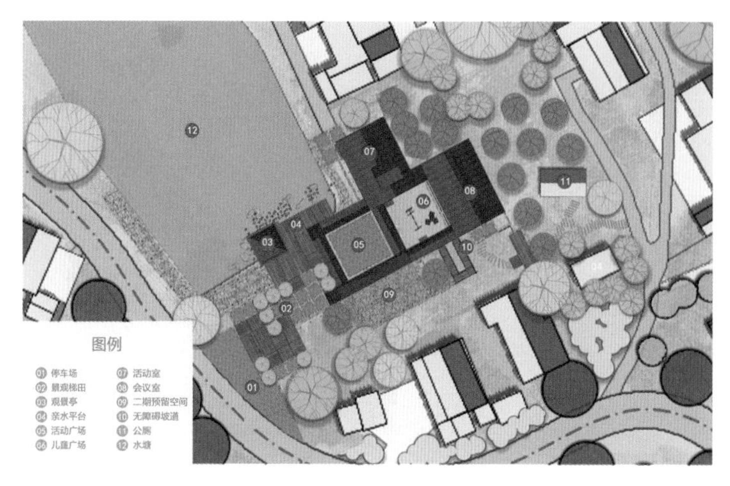

图5-6　聂家坳活动中心总平面图

②交通流线

在规划上考虑近远期实施方案，规划人群动线（图 5-7）。近期主要服务于本地村民，满足娱乐休闲集散功能，在场地西侧和北侧设置主要出入口。远期则考虑增加旅游服务业态，东侧预留 200 平方米建设用地作为游客接待中心，场地南侧沿主干路增设游客主入口及停车落客点。三个出入口在空间上形成T字形连线，贯通整个场地。

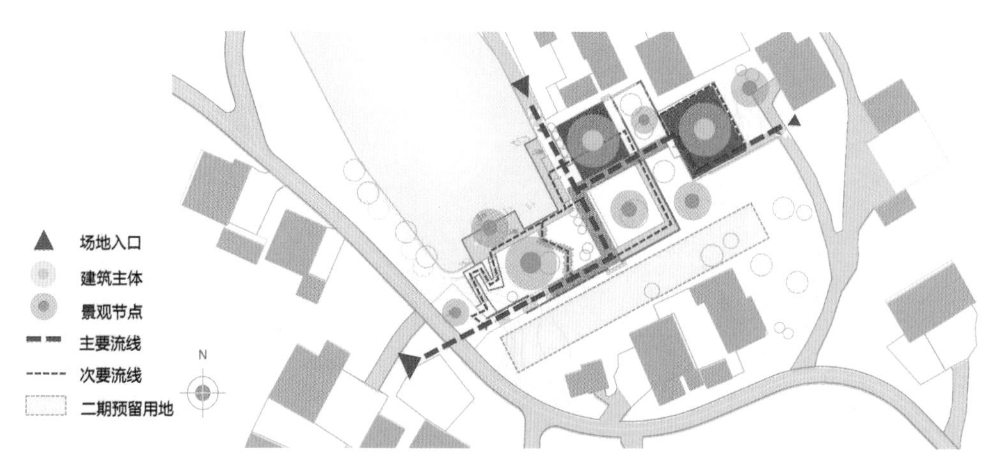

图5-7　交通流线分析图

在本地村民路线设计上，主要考虑时效性及便捷性。通过打造自然生态化驳岸，村民可通过塘边步道直达活动室及滨水凉亭。建筑与连廊形成半围合空间，适当留白，为画面创造“生”的气息，为观者留下想象的空间。活动室局部二层设观景阁楼，成为村口的“灯塔”，满足看与被看的要求。同时，高起的阁楼在结构上也起着拔风的作用，形成良好的穿堂风。连廊栏杆选用南方经典园林贵妃榻样式，直中有曲，增加美感。进入二层眺望平台（图 5–8），抬头可见天，推窗可观水，登高可远眺，驻足可休憩。

图5–8　由二层眺望平台看向连廊

在访客路线设计中，增强人群体验感和趣味性（图 5–9）。南广场落客后，绕过景墙拾级而下，3 米的场地高差通过 12 处方形台地逐一化解，不知不觉中人已抵达滨水凉亭，再穿过曲折回廊，便可到达建筑内部。根据透视学原理，将连廊设计成折线形式，因为人在折线型的街道空间中不断移动时，其视线焦点也在不断变化。再配上景墙、护栏、座椅等构件，廊道的空间景象可以更加充分的展现。

③功能融合

功能上充分考虑村民使用需求，调整功能布局，完善空间布置，最大限度提高生活幸福指数。以满足村民基本诉求为设计导向，规划活动中心四大功能：集会、户外、观景、旅游。以建筑、连廊、平台、驳岸为空间载体，白天，活动中心可满足村委开会等功能，晚上则可以作为村民喝茶聊天、跳舞的公共场所，分时分段使用，形成多功能复合空间（图 5–10）。

图5-9　由落客区进入场地

图5-10　多功能复合空间

位于活动室南侧的廊道在端头处节点放大，形成一座四坡尖顶滨水凉亭（图 5-11）。混凝土结构出挑水面 2.1 米，四周配有深棕色木制护栏，方便人群倚靠歇憩，停留其中，伸手便可触达摇曳的水草，耳边传来汩汩的水声，仿若置身于水中的感觉。

紧邻基地的东侧水塘整体呈长方形，东西宽 57 米，南北长 26 米。北侧驳岸设计环湖步道，局部放大形成休闲平台。南侧驳岸与主干道之间存在 3 米高陡坡，将陡坡设计成阶梯式驳岸，种植当地植被，弱化高差所带来的冲击感。

图5-11 凉亭现状图

场地东侧预留空地在近期以硬质广场的形式呈现。村民可以在此组织娱乐活动，平日天气好的时候，老人们可以晒晒太阳，妇女们可以跳跳广场舞，孩子可以打打球，节假日的时候，村委可以在此组织观看露天电影，品尝百家宴等活动。远期则在此基础上增建游客接待中心及纪念品售卖店，为承载更大客流量预留发展空间。

④设计母题

红安传统民居中常设天井，雨水顺着坡屋顶流下，汇聚到中间的庭院。设计借鉴传统民居天井“四水归池”样式，平面采用方形作为设计母题（图 5-12）。考虑到普适性及功能性，选用 2.1 米 ×2.1 米尺寸为基数，在此基础上倍数扩大，

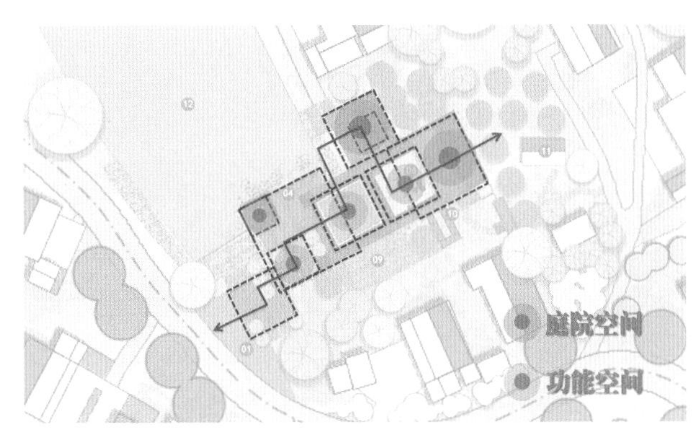

图5-12 方形母题贯通庭院与功能空间

串联各类元素，赋予其建筑平面、结构柱网、树池、连廊、步道、台阶及休息平台等多元功能。

红安传统民居多为双坡屋顶，将其屋面形式提炼作为立面设计母题，高低起伏的折线形连廊成为建筑村落天际线的延伸。建筑挑檐与连廊相接，雨天村民可以不用打伞在会议室和活动室以及观水亭间自由穿行，同时雨水可以顺畅的由屋檐排入天井，浇灌植被绿地（图 5-13）。

图5-13　四水归池天井

（3）实施成效

最明显的感受就是村民思想的转变，由“要我干”变为“我要干”。共同缔造实行按劳计酬模式，极大地激发了村民参与共建的热情，解决了村内 80% 老人的就业问题。村民们自发的完成了苗木种植、污水管网铺设、土石方挖掘、庭院地砖铺设、公共空间垃圾分类、房前屋后绿化美化等工作，为了节省石料费用，几十名村民还到后山拾碎石，一筐筐抬到村里（图 5-14）。大大降低了人工成本，最大限度实现“花小钱办实事”。不光是参与建设，活动中心的建成效果也辐射影响着周边的居民。在活动中心改造完成后，周边村民也自发的进行房屋立面翻新（图 5-15）。

图5-14　村民参与土石方挖掘工作

（a）改造前

（b）改造后

图5-15　活动中心周边村民自发改造房屋效果对比图

5.2 持续运营老年食堂

柏林寺村老年食堂的开张，不仅是对老年人的物质关怀，更是一种精神慰藉。它体现了经营者及其家人对孝道和爱心的深刻理解，更是村集体对老年群体的尊重和关爱。老年食堂的运转，为老年人的生活提供了极大的便利，解决了农村居家养老中助餐的重点和难点问题（图 5–16）。

图5–16　老年食堂持续运营

柏林寺村老年食堂能够顺利开展，得益于村庄浓厚的传统互助文化氛围与热心乡贤的支持。这种文化传承让每一位村民都愿意为食堂贡献自己的力量，无论是捐赠食材，还是参与日常的运营工作。管理方法得当，组织管理到位，账目公开透明，这些措施进一步增强了村民对食堂的信任和支持。

老年食堂从 2018 年开始运营，到 2024 年已步入第 7 个年头，回访经营承包者黄福和时聊到，他在这些年中不断探索着更多的运营方式，试图将这座承载着爱心与善意的老年食堂持续运营下去，虽然也有很多关于资金链上的担忧，但他表示对老年食堂未来充满着信心。

5.2.1 老年食堂运营方式进一步优化

老年食堂建立之初就是为村里老人提供可口饭菜，为老人们晚年幸福生活提供力所能及的保障。运营之初，老年食堂一餐饭只收一块钱，有的老人们甚至以为是免费的一到饭点都过来吃。村里 65 岁以上老人一共有 217 人，用餐最多的时候有 50 多人，不仅忙坏了黄福和的家人，也让成本问题愈加明显。最初黄福和不得不自掏腰包倒贴进去，但这样毕竟不可持续，所以经村委会、理事会商议，村财务会计核算账目，决定更改老年食堂用餐标准。

首先保证每餐饭成本在 10 元，80 岁以上老人依旧免费，成本完全由村集体补贴；65 岁至 80 岁老人一餐自己出一半也就是 5 元钱，另一半由村集体收入给予补贴；65 岁以下自费就餐。这样一来，多一个老人吃饭，村集体经济压力就大一分。但村集体算过账，这个比例总体是合适的。

为了不降低老人用餐质量，同时能让老年食堂持续运营下去，黄福和也是想尽了办法。他首先种田种菜，减少一部分外购菜的开销。凭借着村里的好人缘，承接一些功能性用餐。不断有人家要做酒席，他以低于市场价的方式来承接，给村民提供了便利，也能给老年食堂拉来些补贴和赞助。逢年过节，比如端午节、重阳节、小年，由村干部自费送一次饮料、酒水、肉菜等，给老人们改善伙食（图 5-17）。

图5-17 节假日老年食堂营造节日氛围

随着柏林寺村共同缔造示范村名气越来越响，外来游客也开始多起来，包括一些参观学习和考察就餐，都在老年食堂进行。

渐渐地，黄福和与经常来吃饭的老人们也都形成了一种默契，但凡有承接宴席的，就会提前和老人们沟通吃饭时间，或者提前或者错后，老人们都欣然接受。老人们知道经营者的难处，也都和黄福和一样希望老年食堂能永久办下去，希望能有这么一块地方长期保障就餐，于是都很配合。这些年来黄福和与老人们相处十分融洽。多方帮助支持下，老年食堂得以一直良性运营。

按照黄福和自己的说法，自己年龄也在增长，很能理解年老后的孤独，不指望这里能挣钱，只要够维持基本的生活开支，他愿意余生都将心力放在运营老年食堂上。

5.2.2 情暖夕阳，彰显互助传统文化

对老人们来说，来老年食堂吃饭不仅吃的是健康卫生的食物，更是一种实实在在的精神依托。老人们都把老年食堂当成半个家，只要天气好就会踱步到食堂来，和其他老人们聊聊天，打打牌，无聊的生活也变得有趣起来（图 5-18）。村里本来有五保户的免费公寓，是由之前的小学改造成的单身公寓，水电气、电视等都有，但自从有了老年食堂，五保户们就不再开火做饭了，都爱来这里吃饭相聚，人们的社交欲望得到释放，感觉生活更有意义。

图5-18 老年食堂闲时供老人们打牌消遣

老年食堂的建设，为老年人提供了一个加强沟通与交流的平台。在这里，老

年人可以一起吃饭、聊天、打牌、下棋，这些活动不仅增进了他们之间的感情，也排解了他们的孤独与无聊。老年食堂成为了建立养老互助共同体的基石，让尊老爱老的传统美德得到了具体的实践。

黄福和承诺，老年食堂将始终坚持以老人的利益为先，不断改善服务质量，增加设施设备，如安装有线电视，丰富老年人的娱乐生活。他还计划承包虾塘和菜园，提供更多样化、营养丰富的食材，让老人们吃得健康、吃得开心。

柏林寺村老年食堂的成功，是村庄共同努力的结果。它不仅为老年人提供了物质和精神上的支持，也为整个其他示范村树立了一个互助互爱的典范。随着食堂的不断完善和发展，期待它能够继续为老年人带来幸福和温暖，让每一位老人都能感受到共同缔造的关怀和尊重。柏林寺村老年食堂是老年人幸福生活的港湾，也是村庄文明进步的象征。

5.3 村级领头人成长

5.3.1 好媳妇郭莉莉

郭莉莉的故事是柏林寺村共同缔造示范工作的一个缩影。作为一位1988年出生的外嫁媳妇，她以自己的实际行动诠释了什么是村里的“好媳妇”。郭莉莉拥有本科学历，但她没有选择离开这个小村庄，而是留在村里，用自己的知识和热情服务村民。郭莉莉的成长和贡献，与技术团队驻村工作组的指导和帮助密不可分。在村里她先任妇女主任，后为村委会妇联主席，被评为“湖北省三八红旗手”。她的成长和柏林寺村共同缔造的成果线基本吻合（图5-19）。

图5-19 郭莉莉“党员身份证”

在中规院技术团队刚进村时，郭莉莉的谦逊和勤劳就给人留下了深刻的印象。随着共同缔造工作开展，郭莉莉的潜力和能力得到了进一步的挖掘和培养。柏林寺村作为全国首批美好环境与幸福生活共同缔造试点村，为郭莉莉提供了展示自我、服务群众的平台。

（1）共同缔造理念宣讲员

中规院技术团队带来了新知识、新观念和新技能，郭莉莉抓住了这些学习的机会，不断提升自己的知识水平和工作能力。她参与了工作队组织的各类培训，学习妇女权益保护、村庄管理、现代农业技术等相关知识。她带领全村妇女从家庭做起，从小事做起，积极参与到村庄的共同缔造中。在她的带领下，妇女们在推进柏林寺村共同缔造示范中发挥了重要作用。

最初作为妇女主任，郭莉莉主要负责妇女工作和家庭关系协调。技术团队积极支持郭莉莉履行职责，关心妇女儿童的权益，推动妇女参与村庄发展。随着能力的提升和对村民需求的深入了解，她开始承担更多的责任和任务。

郭莉莉喜欢跟技术团队“混”在一起，通过接触和合作，她深刻理解了共同缔造的核心理念。她担任了村里微信群“柏林寺之声”的运营官，通过这个平台，以讲解员的身份，将共同缔造的理念传播到村庄的每一个角落。郭莉莉通过自己的实际行动，鼓励和引导更多的村民参与到村庄的共同缔造中来。她的讲解贴近村民，简单易懂，调动了村民的热情，提高了村民的参与度和满意度。

无论是工作汇报还是领导视察，郭莉莉总是被推选为讲解者，向来访者详细介绍柏林寺村的发展变化和共同缔造的实践经验（图 5-20、图 5-21）。在黄冈市 2023 年半年工作推进会上，她就柏林寺村“小手拉大手”儿童参与共同缔造工作进行了交流发言，进一步推广了柏林寺村的成功经验。

图5-20　郭莉莉为村民讲解

图5-21　郭莉莉为考察干部讲解

郭莉莉亲身经历了柏林寺村从“落后贫穷小山村”到“幸福美好明星村”的转变，并在这一过程中发挥了积极的推动作用，她的讲解也更为生动，不仅有对村庄变化的陈述，更有对村庄发展成果的肯定和对未来的展望。

（2）协助各项文化活动开展

作为柏林寺村妇联主席，她在中规院技术团队的指导带领下，积极参与村庄的共同缔造活动，她帮忙组织和协助开展村里的文化活动。技术团队提供活动策划和执行方面的专业指导，帮助她将文化活动办得有声有色。

技术团队带领郭莉莉参与村庄环境整治工作，提供环保知识和技能培训，使她能够有效地推动垃圾分类、绿化美化等环保行动。

参与村规民约的制定和推广。技术团队指导她开展民主协商广泛征求村民意见，确保村规民约能够真正反映村民意愿符合村庄实际。

在村史馆的建设和管理环节，技术团队协助郭莉莉提供了文化活动策划和组织的专业建议，使村史馆成为传播村庄文化的重要平台。“小手拉大手”活动中，郭莉莉积极组织儿童参与到村庄的共同缔造中来。

技术团队帮助郭莉莉深入理解和宣传扶贫政策，确保这些政策能够及时传达给每一位村民，并协助符合条件的群众进行申报。工作中郭莉莉始终坚持以人民为中心的思想，深入群众，倾听群众的声音，解决群众的实际问题。郭莉莉积极参与村庄的基层治理工作，通过民主协商、村民自治等方式，推动村庄治理体系和治理能力现代化。

（3）与共同缔造共同成长

郭莉莉以其谦逊和勤劳的品质，成为了柏林寺村的榜样。在共同缔造工作中，她取得了明显进步和成长，也获得了不少荣誉，她依然保持着低调和谦逊的态度，对待工作认真负责，对待村民和善亲切。

自 2016 年担任扶贫信息员以来，郭莉莉积极投身于精准扶贫工作。她与村两委和驻村工作组紧密合作，深入开展走访农户活动，全面掌握村情民情，为群众发展生产、实现增收奠定了坚实基础。

在第七次全国人口普查中，郭莉莉作为普查员，以高度的责任感和专业精神，全面了解了全村 416 户家庭的情况，确保了普查数据的准确性和完整性。

面对新冠肺炎疫情的挑战，郭莉莉与全村干部群众并肩作战，坚守岗位，积极参与疫情防控工作，守护了群众的生命健康安全。

郭莉莉的成长过程是个人努力与外部机遇相结合的结果。她的故事激励着村里的其他妇女和青年，展示了通过不断学习和努力，每个人都能在共同缔造中找到自己的位置并发挥作用。

郭莉莉的成长工作成效，展现了一个基层妇联干部的风采和担当。她以自己的实际行动，诠释了基层妇联干部的责任和使命，激励着更多的人投身于共同缔造和乡村振兴的伟大事业中。

5.3.2 返乡创业刘灵敬教授

华中科技大学教授刘灵敬，是从柏林寺村走出的学者，始终怀着深厚的乡土情结。尽管在省城拥有体面的工作与生活，刘灵敬教授始终心系家乡。2012 年起，他回乡创办了红安县富安生态农业公司，十年如一日投身生态有机农业，带动乡亲共同致富（图 5–22）。

图5–22 刘灵敬在他的有机农田

刘灵敬教授的理念是坚持使用农家肥，确保农产品绿色无污染。他的目标客户是武汉社区追求健康生活、愿意为健康绿色蔬菜以高出超市价格的形式买单的居民。他在柏林寺村建立蔬菜基地，为村民提供就业机会，富安生态公司逐渐在当地建立起良好声誉。创业过程中面对资金和销售渠道的限制，以及村民工作责任心不足的管理挑战，刘灵敬教授在扩大生产和深化村民合作方面遇到了难题。

共同缔造示范工作开展后，中规院技术团队提出要把刘灵敬教授吸纳到村庄建设的主力队伍中来，作为乡贤共同参与村庄建设，尤其在村庄产业振兴上听听刘教授想法和意见。2018 年 7 月村两委和理事会会召开在外乡贤会议，与刘灵敬教授等 50 余名在外的乡贤共同商讨柏林寺村的共同缔造、乡村振兴问题。会上乡贤们激动的表示“这么多年了，这是村两委第一次主动邀请我们回来一起商量湾子里的事，感觉到大家的心里想得都是怎么把湾子建设好，所谓‘人心齐泰山移’，这样我们湾子是大有希望的”。

会上刘教授提到，他的生态农场一直处于小规模、小成本经营，他希望为村子做更大贡献，希望能扩大生产，但资金掣肘，销售渠道不够宽，个人力量有限，有着种种担忧。在生产管理上，刘教授和村民之间仅形成单纯的雇佣关系，村民对生态农场归属感不强，责任心不够，存在怠工情况，对刘教授的管理形成一种挑战。

技术团队了解刘教授的潜力与困境，提出通过成立村民合作社，邀请村民入股，与刘教授的生态农场合作，共同分担风险并分享盈利这个意见得到刘灵敬教授认可。技术团队四处搜集材料，联络资源，并带领刘教授及村民代表前往北京海淀的小毛驴生态农场参观学习，开阔视野，学习先进的生态农业模式。

小毛驴农场占地230亩，是北京市海淀区政府、中国人民大学共建的产学研基地。最初的团队是由人民大学的几个研究生组成，他们通过借鉴国际流行的“社区支持农业（CSA）”模式，建立了中国第一个CSA农场，也就是现在的小毛驴农场。小毛驴的名字由来，是取自“镇园之宝”——一头叫“教授”的驴，既诙谐又好记。

通过参观学习，刘教授和村民们深受启发，认识到加入合作社的好处，学习到农地流转、生态农业种植技术和景观营造方法。刘教授增强了投资信心，计划招股村民组建经济合作社，转变村民雇佣工身份，成长农业公司的主人，提高生产效率，促进公司转型升级。

在村委会的帮助下，刘教授的生态农业公司与脱贫户直接对接，通过土地流转、入股分工、就业帮扶等多种形式带动脱贫户增收致富。生态农业基地为80多人提供了就业机会，固定工每天有30多人，临时用工每天达50多人。固定工和临时用工每天都有稳定收入，显著提高了村民的生活水平。

5.4 多样的参与活动

5.4.1 美丽庭院评比

经历自主设计，主动改造村庄工作后，村庄环境有了明显改变，更加干净整洁的村庄环境也让村民更有改造的干劲。为了进一步改善村庄生态环境，技术团队与红安县多部门多次沟通商讨，最终向红安县林业局申请了一批免费的苗木，由技术团队组织当地村民对村内公共空间及村民房前屋后荒地进行绿化种植。苗木种类以村民熟悉的梨树、枇杷、李树以及石榴等果树品种为主。技术团队向村民详细介绍了不同树种适宜种植的环境，所需的生长条件，并耐心讲解各类植物种植方法及养护管理方式。在技术团队的带领下，村民积极领取绿化苗木，并根据实际需要在指定区域开展春季植树活动。村民干劲越来越足，笑容洋溢在脸上。从黄土裸露，泥尘漫天到绿树成荫，村庄生态越来越好，风景越来越美，村民心情也越来越好。

2019年春季，村民邀请技术团队参与了由他们自发组织的一场“最美院落”

摄影比赛活动。比赛前，各户村民对自己小院进行了形式各样的绿化改造工作，有的村民将自家庭院改造成花的海洋，庭院中原本用于种植蔬菜的土地砌上种植池，再栽植上自己喜欢的太阳花、三角梅、月季等开花植物。有的村民则更加注重实用性，在小院中搭上葡萄架，让葡萄藤爬满廊架，营造一处惬意的室外凉棚，再精心选取一个角度，拍摄一张心仪的评选照片。评比现场，村民兴奋的向讲解他们庭院设计的“新理念”和“新发明”，用储水缸制作的花盆，用废弃铁丝织成的爬藤架子，用废弃瓦片垒砌的种植池，村民自己搭建的小景观让技术团队惊讶不已。村民围着技术团队争先恐后的翻阅手机里拍摄的庭院照片，讲解着当初的改造想法，庭院改造的详细过程（图 5-23）。村民笑着说：“还是你们设计师打开了我们的眼界，让我们知道院子不只是用围墙围着，也能通过建设让小院更舒服。现在我们村里人也开始追求美，建设美了。我们私下都暗暗较劲，看谁改造的庭院获得的夸奖最多，大家都卯足了劲为自己的小院添光加彩呢。”看着村民们脸上洋溢的笑容，看着越来越干净整齐的村庄环境，技术团队更加感受到这份工作的责任与意义所在。技术团队和村民实现的不仅仅是村庄环境的改善，完成的也不只是乡村景观的建设工作，更多的是唤醒了村民心中对美的追求，实现他们对美好生活的向往（图 5-24）。

图5-23　村民领取苗木开展绿化工程

图5-24　村民砌筑的庭院种植池

5.4.2 推动建设文明和谐乡村

推动建设文明和谐乡村具有多重必要性，对于促进乡村社会的整体进步、提升村民生活质量、实现乡村振兴战略目标具有重要意义。乡村是国家社会的基础单元，文明和谐的乡村能够有效减少社会矛盾和冲突，增强村民之间的相互理解和支持，构建良好的邻里关系，为社会稳定和谐奠定坚实基础。通过教育引导、文化活动开展等手段，提高村民的文化素养和道德水平，促进健康文明的生活方式，增强村民的幸福感和归属感。同时，改善乡村生活环境，提升基础设施建设，如供水、供电、交通、网络等，直接提升村民的生活质量。推动乡村绿色发展，加强生态环境保护，促进资源节约型和环境友好型社会建设，是文明和谐乡村的重要组成部分。这不仅关乎当前农民的福祉，也是对未来负责，确保农村的可持续发展。另外，对柏林寺村来说，文明和谐的乡村环境能够吸引外部投资，促进乡村旅游、特色产业等发展，为农村经济注入活力。良好的社会风气和高效的社会治理也有助于降低交易成本，促进市场要素在农村的有效配置（图 5-25、图 5-26）。

图5-25 共同缔造宣传标语

图5-26 共同缔造宣传标语

（1）村民自发展开各项文明评比

为了充分发挥村民的主体作用，中规院技术团队和村委会积极引导和支持村民自发开展各项文明评比活动。这些活动不仅提升了村庄的整体文明程度，也增强了村民的环保意识和美化家园的积极性。

除了前面所说的美丽庭院评比，村民还自发开展了“好婆婆”“好媳妇”等评比活动，旨在树立文明友善和谐的家风。这些评比活动不仅关注家庭内部的和谐，也强调家庭成员在社会中的文明行为，推动了村庄文明程度的整体提升（图 5-27~ 图 5-30）。

图5-27　村广场粘贴的村规民约

图5-28　村口的文化墙

图5-29　家风长廊的宣传标语

图5-30　村里张贴的能人榜、卫士榜、寿星榜、好人榜

通过开展这些评比活动，村中逐渐形成了一种积极向上、和谐共处的良好局面。村民们在共同缔造美好环境的同时，也在共同建设和谐乡风。这些活动不仅提升了村庄的外在美，更重要的是丰富了村民的精神文化生活，增强了村民的归属感和幸福感。

村民自发展开的文明评比活动，是美丽乡村建设的重要组成部分。这些活动以其独特的魅力和深远的影响，激发了村民的参与热情，促进了村庄环境的改善和文明程度的提升。

（2）积分换奖励，构建文明和谐乡风

柏林寺村引入了创新的积分激励制度，促进村民在村务协商、环境卫生、产业发展等方面积极参与。每年，红安县粨琳嗣商贸有限公司将盈利的 20% 资金用于奖励，通过《红安县粨琳嗣商贸有限公司积分兑换管理办法》，将村民的积极行为量化为积分，以此激发村民的积极性（图 5-31）。

根据管理办法，村里每月不定期对公共区域和家庭环境进行卫生检查，前三名的公共区域分别奖励 20 个、15 个、10 个积分。家庭环境卫生则根据整洁程度分为最清洁户、清洁户、不清洁户，分别奖励 5 个、2 个积分，不清洁户不积分。

此外，垃圾回收也可兑换积分，如废弃塑料、废铁每 5 斤，废旧干电池 5 节、塑料瓶 10 个均可兑换 1 个积分。

村民在日常行为中展现的社会责任，如拾金不昧、助人为乐、调解群众纠纷等，均可获得 5 个积分。参与村级大扫除、春季植树、防汛抗旱、森林防火等集体活动，每次奖励 10 个积分。关心关爱孤寡老人、成为固定帮扶人，每月可获 50 个积分。对社会有重大贡献，如见义勇为、提供破案线索等，每次奖励 100 个积分。获得“十星级文明户”“五好文明家庭”等荣誉，以及县级及以上获奖，奖励 20 个积分，镇级获奖 10 个积分。

积分制度的实施，不仅以物质奖励的形式将环境维护的责任分摊到各家各户，而且通过量化的方式，明确了村民参与村庄建设的具体路径和目标。这种制度化、规范化的激励机制，极大地提高了村民的参与度和村庄管理的效率（图 5-32）。

图5-31 粕琳嗣商贸有限公司挂牌

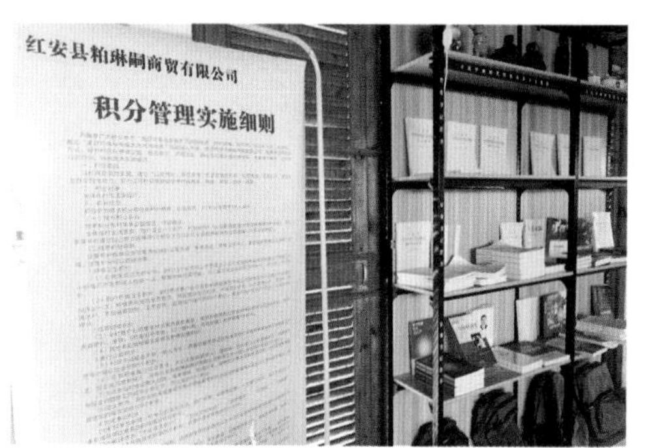

图5-32 积分管理实施细则

（3）构建文体活动空间，书写文明和谐新篇章

住房和城乡建设部为柏林寺村捐建了爱心书屋，村里的孩童们平日里就聚集在这里看书和游戏，孩子们对喜爱的书还会带到家里，也会及时还回来。爱心书屋的建立，不仅仅是一个阅读空间的增设，它更像是知识与梦想的灯塔，照亮了乡村儿童的心灵世界。在这个温馨的角落里，书籍成为了孩子们的朋友，激发了他们对未知世界的好奇心和探索欲。随着孩子们将这份热爱带回家中，阅读的种子在每一个家庭生根发芽，逐渐形成了爱读书、好学习的良好风尚，为乡村文化的持续繁荣奠定了基础（图 5-33）。

与此同时，篮球场的捐建与“村 BA”篮球赛的举办，则是从另一个维度激活了乡村的体育文化和集体精神。通过公众号公开征集设计方案，这一举措本身

图5-33　住房和城乡建设部捐建爱心书屋

图5-34　住房和城乡建设部捐建乡村篮球场

就体现了民主参与和创新思维，让村民感受到自己是村庄发展不可或缺的一部分。篮球场的落成不仅为村民提供了锻炼身体、释放活力的场所，更成为了促进邻里交流、增强社区凝聚力的重要平台。“村 BA”篮球赛的热烈氛围，不仅展示了乡村体育的魅力，还通过体育竞技的方式，弘扬了公平竞争、团队合作的价值观，有力地推动了乡村文明和谐风气的建设（图 5–34）。

这两项举措背后，蕴含着深远的意义。它们是城乡融合发展思路的具体实践，通过文化建设与体育活动的双重驱动，既丰富了农村的精神文化生活，又促进了村民身心健康，为乡村社会的全面进步贡献了力量。更重要的是，这些活动激发了村民的内生动力，增强了他们对家乡的认同感和归属感，为共同缔造和乡村振兴战略的深入实施铺垫了坚实的群众基础和社会环境。柏林寺村的变化，正是中国万千乡村在新时代背景下，以村民为主体积极探索适合自己的发展道路，实现物质文明和精神文明同步提升的一个缩影。

5.5　形成长效机制

5.5.1　形成1+4N的共同缔造工作组织架构

共同缔造的长效推进，离不开以村民为主体、可以持续运作的工作组织架构。柏林村在共同缔造过程中逐步建立起了党建引领、群众广为参与的“1+4N”的工作架构，成为共同缔造持续开展的组织保障（图 5–35）。“1”是发挥村党支部的模范带头作用，以刘福林书记为首的村两委在村内具有很高的威望，能够充分调动各方力量。“4N”是在共同缔造工作中承担不同任务的村民组织，包括村

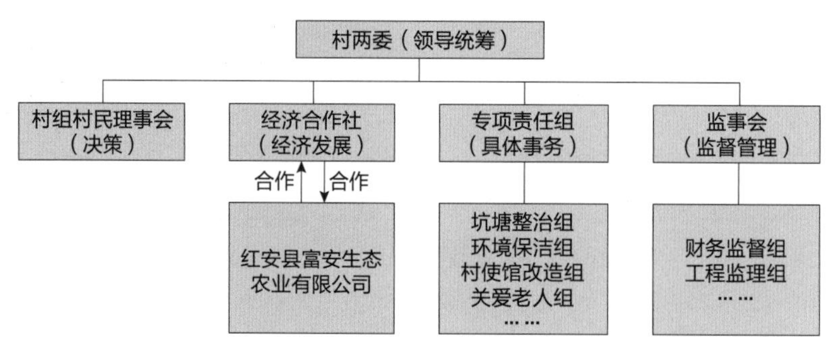

图5-35　柏林寺村乡村治理组织架构图

组村民理事会、村经济合作社、专项责任组和村落事务监事会，四个组织各司其职，推动村庄共同缔造。

理事会是村内扩大了的议事组织，负责广泛征求村民的意见，并通过表决达成一致意见。经全体村民选举，柏林寺村大塘黄格湾成立了由 9 名成员组成的村组村民理事会，理事长为老书记黄忠红。专项责任组是根据村民意见确定要开展的建设内容，设立的具体落实相关工作的小组做到责任到人。柏林寺村设置了村庄环境整治与卫生评比组和村落公共设施管理和老年关爱组两个小组。其中村庄环境整治和卫生评比组负责村落环境改善和卫生评比，公共设施管理和老年关爱组负责了村史馆改造和老年食堂建设等内容。经济合作社是推动村庄产业发展的主要机构，柏林寺村的经济合作社与刘灵境教授的富安生态农业有限公司合作，推动土地流转和现代农业发展。监事会负责监督共同缔造工程质量和资金账目，又分为村庄建设财务监督小组和村庄施工质量安全管理小组。监事会的人员和理事会、专项责任组不重合（图 5-36）。

红安县七里坪镇柏林寺村大塘黄格村民理事会成员名单

理事长：黄忠红

副理事长：黄崇塽、黄忠礼

理事会成员：
黄忠秀
黄忠志
黄忠武
黄中全
黄新祥
黄建权

联系方式：黄忠红 15171698761

柏林寺村村民委员会
2018 年 5 月 28 日

成立村庄环境整治与卫生评比小组决议书

为推动红安县七里坪镇柏林寺村《美丽乡村，共同缔造》大塘黄格湾相关项目施工建设，由村两委和理事会牵头组织，成立村庄环境整治与卫生评比小组，小组组成人员有：

七里坪镇村镇管理所	[illegible]
柏林寺村村委	[illegible]
大塘黄格湾村民理事会	黄忠志　黄新祥

各相关人员需认真负责，完成村内责任事务指导、监督、监管职责，职责内决议需经所有小组成员签字方能生效。

2018 年 9 月

成立村庄建设财务监督小组决议书

为推动红安县七里坪镇柏林寺村《美丽乡村，共同缔造》大塘黄格湾相关项目施工建设，由村两委和理事会牵头组织，成立村庄建设财务监督小组，小组组成人员有：

七里坪镇村镇管理所	[illegible]
柏林寺村村委	[illegible]
大塘黄格湾村民理事会	[illegible]
县第三方造价公司审计人员	[illegible]

各相关人员需认真负责，完成村内责任事务指导、监督、监管职责，职责内决议需经所有小组成员签字方能生效。

图5-36　柏林寺村大塘黄格村组村民理事会、专项责任组、监事会名单

5.5.2 完善政府“以奖代补”的投入机制

地方政府在共同缔造和乡村振兴工作中负有重要的组织、领导等责任，需要根据村民的实际需求，安排项目与资金，统筹推进。过去由于政府多采用“大包大揽”的工作方式，在一定程度上限制了村民积极性、主动性的发挥。在柏林寺村共同缔造实践中，红安县和七里坪镇政府逐步转变政府的角色和定位，通过完善“以奖代补”的投入机制，充分调动了村集体和村民的积极性，形成了以村民自愿出工出力为基础，以集体经济奖补为引导，奖补结合、多方投入的共同缔造和乡村振兴投入机制。

在红安县委、县政府的支持下，七里坪镇政府出台了《柏林寺村“美丽乡村、共同缔造”示范点项目建设与奖补办法（试行）》，该办法分村庄公共性项目和以户为单位的美丽乡村建设项目两种类型，分别明确了奖补对象、标准、申请程序等内容，为共同缔造工作的开展提供了动力和支撑。

对供水供电、垃圾污水处理、园林绿化、道路修建等公共基础设施建设项目和有关教育、文化、体育、卫生等公共服务设施建设项目，经村民代表大会60%以上村民票选同意，可以纳入以奖代补的范围。这类项目原则上由所在村自主实施，经所在村村民理事会和村委会综合考评择优确定有施工经验的村民作为实施主体，组织施工。同时为了保障项目质量，由七里坪镇村镇管理所、村委会成员、村民理事会分管理事、第三方监理公司等人员共同组成施工质量安全管理小组，负责对村级公共性工程项目实施现场质量监管。资金利用方面，由七里坪镇村镇管理所、财政所、村委会成员、村民理事会分管理事、第三方造价公司人员等组成村庄建设财务监督小组，相关部门根据项目进度，分期将资金拨付到镇财政所柏林寺村“三资”账户。

到户的补贴方面，对农户按照规划和共同缔造工作要求，开展房前屋后、院落及周边环境卫生、绿化美化，进行农房改造的都给予一定补贴。各类项目的奖补资金不超过实际投入费用的30%，且环境卫生和绿化美化项目每户奖补不超过500元，房屋新建补贴不超过2万元，改造补贴不超过1万元。相关资金由参与农户发起申请，村委会会同村民理事会、施工质量安全管理小组、村庄建设财务监督小组及中规院技术团队共同对村民提交的改造方案和资金预算方案进行审核。审定后农户与村委会签订共同缔造合同书，约定项目实施方案、奖补标准和工作期限等，并按要求缴纳保证金，保证金在项目验收合格后退还。项目由村委会会同村民理事会、施工质量安全管理小组按照相关细则组织对项目进行考评验收。验收合格的农户，由村委会整理验收材料报县慈善总会、县财政局等部门审核，审核通过后，将奖补资金拨付到镇财政所柏林寺村“三资”账户，再按规定程序奖补到农户。

从实践效果看，奖补办法明显调动了村民参与乡村规划建设的积极性，也撬动了农户自身的投资，在短期内村庄的卫生环境、绿化景观、建筑风貌等都得到了明显提升，并为后续工作的开展，提供了制度保障。

5.5.3 规范村庄治理规程

好的机制是保障村庄共同缔造工作可持续进行的重要基础。没有好的机制，村民的热情能保持多久，村庄各项建设工作能否公开透明的进行，都很难说。随着对共同缔造工作的逐步深入理解，村两委和理事会通过线上、线下多次召开全体村民会议，共同商定了《村史馆管理办法》《大塘黄格湾卫生分区责任管理办法》《村庄环境卫生评比办法》等，逐步完善了村庄治理的规章制度，对于约束村民、推动共同缔造起到了积极作用。

柏林寺村在共同缔造的过程中，真正做到了“横向到边”的全员参与决策机制。一是村内建立了在村委领导下、理事会协助下，以村民为主人翁的乡村公共事务决策机制。理事会负责在日常收集村民的相关意见并提交村委，村委召开村民代表大会，经 60% 以上村民代表同意后，将相关决策在村内予以公示，村委、理事会及村民代表同时将决策意见向在外打工的村民传达。一般公示期为一周，一周后村内无异议的情况下，村庄决议生效，相关村民诉求将经由村委提交乡镇政府，同时村内成立的相关责任组将从可行性、技术、监管等多个角度，协助村委落实工作，引导村民共谋共建。二是针对农房改造、农家院落改造、垃圾分类等需要农户达成共识的工作，除了需要通过建立村规民约予以约束引导之外，还由理事会和村委出面，邀请相关技术人员在村内开展培训课程，以获得村民最大程度的共识和支持（图 5-37）。

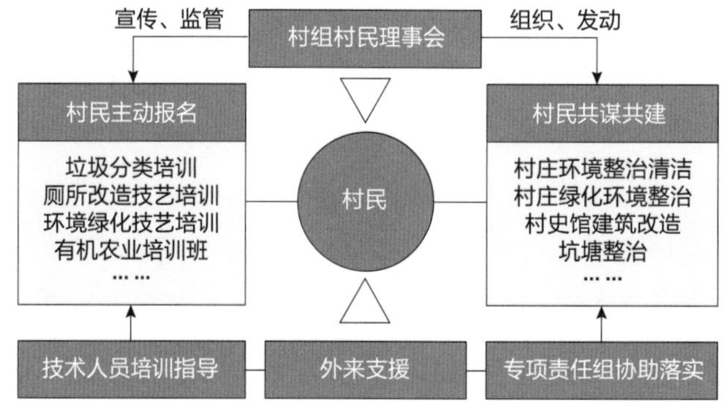

图5-37　村内决议流程图

以环境卫生清理与管护为例，村两委和理事会组织村民商讨划定了村落公共环境责任分区，先是通过逐户确认，明确了各家房前屋后的环境卫生责任分区，由各户签字确认，作为今后环境整治、卫生评比的范围；二是明确了公共区域的卫生管护责任，每位理事会成员负责一个环境责任区的“四清”工作；通过村民大会讨论制定了村庄卫生环境评比标准，建立了每月一次的评比制度，组织了“小手拉大手”环境卫生打分评比活动。通过明确责任分区和建立卫生评比制度，柏林寺村形成了环境卫生的长效管护机制，村里家家户户都参与卫生整治，村民环境卫生意识强了，乱扔乱倒现象少了，村庄环境更美了（图 5-38）。

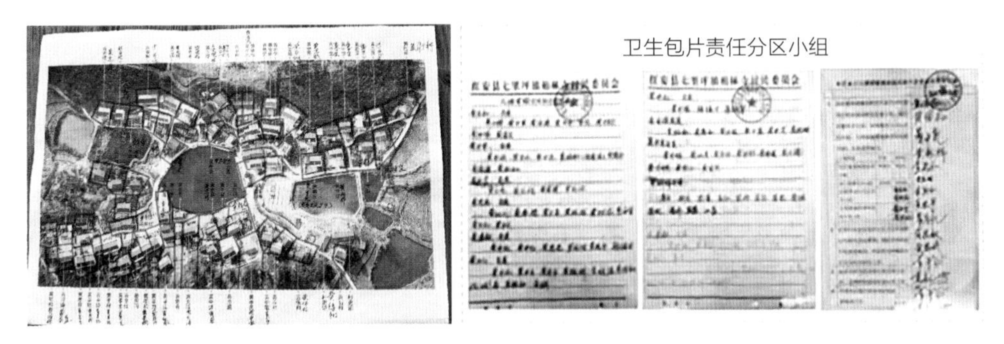

图5-38　村庄环境卫生责任分区图

第 6 章 共同缔造在红安

6.1 县委县政府优化顶层设计

6.1.1 脱贫攻坚阶段

为深入贯彻落实《住房和城乡建设部关于在城乡人居环境和整治中开展美好环境与幸福生活共同缔造活动的指导意见》（建村〔2019〕19 号）和《中共湖北省委湖北省人民政府关于全面学习浙江“千万工程”经验，扎实推进美丽乡村建设的决定》（鄂发〔2019〕5 号）精神，2019 年 9 月，红安县人民政府印发《红安县美好环境与幸福生活共同缔造工作方案》，在城乡人居环境建设和整治中广泛开展共同缔造活动。按照在 40% 行政村进行推广共同缔造活动的要求，红安县在 2019—2020 年在 160 个村全面开展共同缔造活动，并对七里坪镇柏林寺村、七里坪镇七家畈村、二程镇罗山村、八里湾镇刘明秋村、城关镇曹家畈村、高桥镇六家边村、高桥镇程河村、杏花乡两道桥村、永佳河镇椿树店村等 9 个村进行重点建设，实现城乡人居环境得到明显改善，人民群众的获得感、幸福感、安全感显著增强。

整治人居环境。按照《红安县开展农村人居环境整治扎实推进美丽乡村建设实施方案》（红办文〔2019〕58 号）精神和“发展共建”要求，通过座谈走访，入户调研，了解村民需求，发动群众广泛参与，共同研究解决方案，妥善化解共同缔造活动开展中的矛盾和困难，激发村民参与本村人居环境建设和整治工作的热情，使群众从“要我干”转变为“我要干”。组织协调各方面力量共同参与人居环境建设，扎实推进共同缔造村的村容村貌整治、厕所革命、农村污水治理、农村垃圾无害化处理、村庄绿化等工作。建设基础设施。按照各村共同缔造规划设计，以饮水安全、“四好农村路”等建设工程为载体，进一步完善和提升农村饮用水保障、电力供应、交通设施、清洁能源、网络信息、公共服务等基础设施建设水平；通过统筹推进农村危房改造、农民建房管理、农民宅基地管理，不断改善农民住房条件；全面推进公共空间建设和改造、基础设施和公共服务设施建设，共建村庄美好环境。

6.1.2 乡村振兴阶段

为落实党中央关于巩固拓展脱贫攻坚成果同乡村振兴有效衔接工作部署，红安县及时总结脱贫攻坚阶段共同缔造探索经验，深入推进美好环境与幸福生活共同缔造工作，助力乡村振兴。2022 年 3 月，县人民政府办公室印发《红安县乡村振兴阶段打造美好环境与幸福生活共同缔造升级版工作方案》。在乡村振兴阶段，将乡村建设从盆景式打造转为“示范片区 + 重点村庄 + 分类引导”的发展方式，在共同缔造 1.0 版侧重于完善基础设施、改善人居环境的基础上，增加产业分类引导、服务配套提升两大任务。2022—2023 年，红安县开展乡村振兴阶段打造共同缔造升级版示范村建设，将七里坪镇柏林寺村、盐店河村、七家畈村、张家湾村、八一村、观音阁村，城关镇曹家畈村、小丰山村，杏花乡两道桥村、龙潭寺村，高桥镇程河村、六家边村、长丰村，永佳河镇马埠头村、叶河村、椿树店村、喻畈村，华家河镇阳台山村，八里湾镇刘明秋村，太平桥镇回龙寨村等 20 个村庄作为乡村振兴阶段打造共同缔造升级版首批示范村，探索形成可复制的共同缔造成功经验向全县行政村及省内外推广，力争部分领域成为湖北省乡村振兴阶段村庄发展的标杆。到 2025 年，建成一批乡村振兴阶段打造共同缔造升级版示范村，形成可复制的共同缔造成功经验向省内外推广，成为湖北省乡村振兴阶段村庄发展的样板。到 2035 年左右，通过共同缔造活动和美丽乡村建设，全县美丽乡村建设水平与实现农业现代化水平相匹配，实现全县乡村产业兴旺、生态宜居、乡风文明、治理有效、生活富裕，城乡差距进一步缩小，在促进全县人民共同富裕上取得更为明显的实质性进展。

产业分类引导。坚持把产业振兴放在首位，根据各村自然条件、资源禀赋、产业基础、群众意愿等，按照农特产业推动型、红色旅游带动型、农旅融合发展型、企业投资拉动型等模式进行分类引导，促进乡村产业振兴发展。实施配套工程。在打造共同缔造升级版的示范村，结合村庄实际需要，实施“十二个一”乡村振兴配套提升工程，即配套一条旅游道路（风景道、绿道与步道）、一个生态停车场、一套标识系统、一套旅游设施体系、一套主题装备雕塑、一个展陈场馆、一处文化传习场所、一家旅游商店、一家主题餐饮、一家精品民宿、一处旅游景区（点）、一处特色农业基地。

6.2 共同缔造助力乡村振兴

6.2.1 高桥镇程河村——红色旅游带动型

高桥镇程河村是电视剧《亮剑》李云龙的原型王近山中将诞生地。这里是革命战争年代高桥地区农民义勇队参加“黄麻起义”集结地，董必武、李先念都曾在这里战斗过。高桥镇 12 位开国将军从这里出发，参加革命走上人民解放、民族独立的道路。程河村是全国第三批红色美丽村庄建设试点村、第六批中国传统村落。程河村以“战神故里 · 亮剑程河”为主题，运用共同缔造理念，积极推进红色美丽村庄建设、传统村落保护利用，努力打造党建工作的标杆、红色教育的样板、文旅融合的示范，走出一条共谋共富共美的红色路，为党建引领乡村治理促进乡村振兴作出了有益探索。

（1）**规划联审，共画一张图。**增强村民的主体意识，坚持走出去，学进来，村组群众 5 次赴先进典型村参观，3 个规划团队现场对接，村民议事会 9 次召开意见征求会，怎么改、怎么建，村民说了算。开辟“亮剑程河”公众号和微信群，每张设计图线上线下送审，收到村民意见建议 130 余条，确定以“亮剑精神”为主题，协同落实各项为民措施，擦亮“战神故里 · 亮剑程河”名片。许家田湾成立村民议事会和监事会，推动“自扫门前雪，单打独斗”向“协商共治，抱团取暖”转换，选取明事理、号召力强的“五老”人员，在湾内“巡回指导”，针对各家各户逐一商讨改造提升方案。湾组自发成立 8 人的“红色卫生队”，身穿红马甲，每周 3 次整治提升公共区域树荫、花坛、草坪三块绿地，清理两口当家塘，环境共护共享。

（2）**多元联投，共办一桌席。**以“各炒一盘菜，共办一桌席”的思路，发挥财政资金的乘数效应，撬动乡贤能人和社会资本，带动村民出力捐物。仅程河湾文化礼堂，湾组村民就捐款捐物折算累计近 20 万元，造价 30 余万元的礼堂顺利落成，吸引了周边集镇区锣鼓、腰鼓、舞蹈3支民间文艺队伍进驻，已开展演出、团拜及红白喜事30余场次，村民享受到实实在在的实惠。许家田湾26户村民踊跃捐出碾盘、石槽、水缸、老砖瓦等旧物件，在工匠手中古色添绿，变换成一道道传统小景。围绕“留住老手艺”这一课题，建成“九佬十八匠”的铁匠铺、豆腐坊、油面馆、皮影戏坊等项目，村民家中的风箱、砧、石磨、油面挂架等传统手艺工具，也重新焕发出新的生机。村民与5家市场主体对接，在观光农业、红色民宿餐饮、户外拓展训练、红色文化研学等配套产业上达成意向，打造黄泛区农场、亮剑军事拓展区等文旅观光点。“黄泛区农场”农文旅休闲区由市场主体承接，投资800万元，建成后直接带动20余人直接增收、周边1000余村民受益。依托“同心驿站”，争取县邮政、供销、书店、工会等多部门联合入驻，共同打造基层治理与乡村振兴综合体。

（3）**引擎联动，共答一道题。**以程河为中心，牵引周边10余个村、市场主体等联建红色联盟，既抓“小共建”，又要“大联动”。小湾小景致、大湾大格局，因地制宜打造2个“红星之家”，将故居游客接待、红色讲解培训、文娱演出等功能融入其中。共建“党支部＋湾组党小组＋党员中心户”三级组织体系，民事民提、民事民议、民事民决。将入党积极分子、后备干部等群体纳入红色代办员队伍，按照“群众派单，村代办员接件，镇党群服务中心承办”流程，形成申请、受理、传递、承办、反馈“闭环”，提供“一站式”代办服务，让村民少跑腿，真正打通便民服务的“神经末梢”。

（4）**发展联营，共富一方人。**发动村民参与村级合作社产业发展，依托发展壮大村集体经济，开辟500余亩青茶油茶基地。吸纳本地木匠、石匠、泥瓦匠加入施工队，以低于市场价的工价对整湾建设投工投劳，妇女参与搬运、清理等辅助工程，小学生充当“小小红色讲解员”，全村男女老少齐上阵，在共同参与中致富增收、凝聚民心。已与5家农户达成协议，以闲置房屋入股，打造“战神客栈”、王家豆腐坊、皮影戏坊等项目，发展民宿经济，约定10%收益用于整体管理运营，起到良好示范效果。通过激发村民活力，以用好红色阵地、激活红色引擎、发展红色经济、建美红色村庄为主线，推动形成红色故事人人会讲、亮剑精神代代相传的格局，促进强村富民。

6.2.2 城关镇小丰山村——农特产业推动型

城关镇小丰山村曾是重点贫困村，位于倒水河畔，离红安县城3.5公里，辖6个村民小组5个自然湾，总面积2650亩，共271户、993人。2019年，村党支部书记周从贵参加了住房和城乡建设部举办的定点帮扶县村党支部书记培训班，认识到要开展共同缔造工作，发挥村民积极性，聚焦重点人群发展产业，乡村振兴才有物质条件和群众基础。小丰山村坚持党建引领，践行“五共”理念，以产业发展为根本，聚贤引智、招商引资，发动村民献言献策127条，捐钱捐物80万元，带领脱贫留守妇女承包蔬菜大棚，动员乡贤能人发展电商，通过“村集体+合作社+农户”模式，探索出一条田园变景区、村庄变景点、生态变财富的增收致富路。2022年，村集体收入达到52万元，村民人均收入1.6万元。

特色农业增收。2018年，村两委组织开展生产自救，清理倒塌的葡萄大棚上，建设29个蔬菜大棚。2019年，通过村民协商，村民主动自筹资金，走出去学习大棚蔬菜种植技术，又新建蔬菜大棚21个，让脱贫户在大棚务工。目前每个大棚年收入2万多元，50个大棚每年纯利润100余万元，33户贫困户拿到入股分红。邀请回乡能人承包莲子种植，带动莲子种植492亩。目前每亩莲子年收入3千元，492亩年产值130多万元，其他村民依托莲子产业每年增收19万元（图6-1）。

图6-1　小丰山村蔬菜大棚基地

农业电商创收。2019年，联系乡贤通过网上渠道销售红安特色农产品，筹建红安苕酸辣粉基地。在厂房设施不全、水电路没通的情况下，村民自发加班加点建设，当年红安县红虹食品有限公司建成投产，为村民提供就业岗位25个，月均工资在1500元以上。2022年，该村电商销售1.2亿元。2023年，小丰山村电商运营中心、游客中心建成运营，村集体年增收20万元。

美好环境促收。坚持村民主体地位，让村民在村庄规划建设中建言献策、参与建设。采取村民推荐、支部提名、村委会发放聘书的形式，从乡贤、退休干部等人员中选聘理事会成员，对于村组民生实事，实行“三议”机制。利用微信群，广泛征求村民的意见和建议，梳理归纳村民建议意见，形成年度重点工作任务清单。对于村级集体经济发展作出重大贡献、回乡创业带动群众致富、在村级事项中出“金点子”的村民，奖励荣誉积分，积分可在村自强超市兑换物品，激发大家的荣誉感和归属感。发动群众有钱出钱、有力出力，全面改善人居环境。村内道路、池塘驳岸、公厕等小微项目，村民积极投工投劳，节约了30%的成本。目前已建成文化广场3个、凉亭2座、公厕5座、晒场4个，硬化道路6.7公里、刷黑道路4.5公里、休闲便道 1200 米，改扩建沟渠 3800 米、安装路灯 129 盏、改造当家塘 6 口、植树 1 万余棵，修建完善了通村公路、文化广场、公共厕所、排污管网、自来水管等基础设施。

村红星之家设立了创业榜、巾帼榜、学子榜、卫士榜、寿星榜、好人榜，用身边事教育引导身边人，促进形成尊老、拥军、重商、崇文、向善之风。2022 年，住建部为小丰山村捐建 NBA 乡村篮球场，村民共商选定了“新农村山水”方案。2023 年，在住建部帮扶下，红安县首届乡村三人篮球赛开幕式、全国层面首届乡村三人篮球挑战赛的决赛及闭幕式均在“新农村山水”篮球场成功举办，小丰山村知名度大大提升。如今，小丰山村蔬菜供不应求，乡村美景吸引游人纷至沓来。

6.2.3 觅儿寺镇尚古山村——农旅融合发展型

尚古山村位于红安县觅儿寺镇，总面积 6 平方公里，辖 10 个自然村落，11 个村民小组，总人口 1202 人。尚古山村坚持党建引领乡村振兴，打造共同缔造升级版，引进农业项目 5 家，工业项目 1 家，流转山林、水面、耕地近 3000 亩，总投资额超 2 亿元，发展十余种特色水果种植（樱桃、葡萄、蓝莓、翠冠梨、黄桃、日本甜柿等）和葡萄酿酒、火车餐厅、休闲旅游观光等特色产业，村集体经济收入达到 60 万元，被湖北省农业厅评为“十大荆楚最美乡村”之一。村民纷纷感叹“尚古山村好风光，一年四季瓜果香，休闲旅游又观光，安居乐业前景广”（图 6–2）。

图6–2 尚古山村乡村美景

（1）红色引领决策共谋

镇村共振。构建“镇党委—驻村干部—村党支部—党小组—党员中心户”五级架构，以共同缔造升级版“十二个一”为抓手，实行“党建＋村建＋家建”，推行众筹倍奖，由镇党委政府按照1：3的比例奖补，撬动全员参与乡村振兴。

决策共谋。针对旧楼河湾湾小、人少、风景秀美、房子闲置多的情况，“大家的事大家办”，让沉睡资产焕发活力。开展“逢三村民说事”活动，每月3日、13日、23日召开村民会议听取意见。实行“村民说事、乡贤参事、代表议事、两委干事、党员评事”工作法，让村民从局外人、旁观者变成参与者、决策者。成立发展理事会，召开20次村民代表会议、场子会，确定乡土气息、田园风光、就地取材的原则，每家每户怎么改由村民说了算，推进旧楼河整湾改造建设民宿、写生基地。

规划共议。坚持文化挖掘、红绿相融、明确定位、产业先行、市场运作、群众参与、村企共建、共同受益的理念，召开专题商议会7场、形成前瞻性谋划5个、细化思路4条，经过村民商议、发展理事会决议，深化制定尚古山村庄规划，确保无规划不动土。

（2）产业融合发展共建

村企共建。采取“支部＋公司＋农户”的模式，村集体和农户以土地入股、土地流转、合作经营等形式获得土地租金、享受分红。尚古山村有5家农业企业、1家工业企业，每年户均土地流转收入2277元，为180余名村民提供就业发展，人均增收1万元，实现了联农带农富农。

校地合建。与长江职业学院合作，建成湖北首家红色写生基地、学生电商直播实践基地和中小学产学研基地，每年有2000余名学生到村开展写生、直播等活动，并面向全国高校、艺术团队、美术协会、摄影协会、艺术培训机构、婚庆公司等开展写生、摄影、电商直播、户外婚礼等相关合作。成立湖北尚古山发展商务有限公司，对村庄文旅产业和写生基地、直播实践基地等整体进行公司化运营，由本村村民主导公司运营管理。

村民筹建。由本村能工巧匠以成本价承包改造工程，目前党员群众捐资15万元，镇党委政府按照众筹倍奖机制奖补45万元。乡贤能人、企业等捐资、捐物、共计55万元，投工投劳1000个工时。相关工程建设改造过程中，通过废旧用、周边收、就地取，变废为宝节约建设成本，鹅卵石是附近工业园区搅拌站捐出的边角余料，所用木头没砍一棵树，土砖、老瓦、条石、石磨、坛坛罐罐、农具等是村民自发捐赠，折价 35 万元。

片区联建。重点支持“一湖两山”（木兰湖、尚古山、红界山）融入大武汉旅游圈，建设李家畈蔬菜大棚基地、香菇基地、徐家楼银甜梨基地、张湾村高粱基地、普安桥油茶基地，成立乡村振兴红色联盟，片区内产业、资源、服务、设施共建共享、抱团发展。

农旅融合。通过镇村共建，对旧楼河整湾升级改造，完成塘堰改造 2 个，铺设污水管网 240 米，建成旅游公厕 2 座、生态停车场 1 个，文化长廊 1 座，观光亭 4 座，建设火车餐厅、房车露营基地、烧烤营地、写生基地、梦想菜园、防空洞、亲子乐园、水上乐园、乡村慢生活等旅游服务设施和景点，打造 3A 级旅游景区。

（3）治理服务效果共评

党建引领。评选党员中心示范户，党员人人挂牌、亮承诺，每名党员联系 10 户以上群众，并为包保联系群众从环境整治、政策宣传、民意收集、移风易俗、矛盾调解、产业引领、信息共享、疫情防控、安全生产、建言献策等公共事务中认领一项管理实事。各村由村民组成立“六会两队”（村民议事会、道德评议会、发展理事会、红白理事会、环境卫生协会、民宿运营协会、志愿服务队、平安联防队），在村级事务管理中发挥自治组织作用。

积分管理。制订村民公约、党员公约、卫生公约，规范村民行为。确定党员户包组、示范户包段、种植户包沟渠、村民包房前屋后、公益性岗位包重点区域、志愿者包空白区域等 6 大责任区，设立志愿服务队，对志愿服务给予积分奖励和物质激励。设立积分超市，将村民参与的义务劳动、环境卫生、投工投劳等折算为积分，以积分兑换服务和商品，鼓励村民参与基层治理，形成向上向善、争当先进的良好氛围。

民主评议。通过党员评支部、群众评党员、群众评群众等评议方式，涉及村民利益事务由村民来商议和决定，让权力管得住、群众做得主、监督看得见，提升村党组织凝聚力、战斗力。开展优秀共产党员、优秀村组干部、优秀退役军人、十星级文明户、五好文明家庭、最美示范庭院、农业种植示范户、农村好青年、好婆婆、好媳妇、责任示范岗、小手拉大手等评选活动，评选出各类优秀典型 30 户，通过树立典型家庭，用身边事引导激励身边人，提高村民主人翁意识。设置环境卫生“红蓝榜”，激励村民自觉参与环境卫生评比，共建管理监督“相片墙”，比比谁家洁净美、谁家脏乱差，晒图片晒成绩，引导村民自觉拆除违章建筑，共建美好环境和家园。

（4）综合效益成果共享

连片发展。促进“一湖两山”沿线村庄连片发展，形成农旅融合发展产业带，尚古山“红色写生＋研学＋劳动”教育实践、普安桥红薯种植加工储存销售全产业链、张湾村高粱种植加工等产业均取得新突破。成立强村公司，培育本土农产品品牌，在李家畈建立种植、生产、晾晒、加工、分装基地，由红安县觅珍农业发展公司统一推广销售。

服务共享。全面推进资源服务平台下沉，构建开放、集约、共享的红色便民服务圈。组建 72 人“红管家”队伍，依托镇、村、湾组三级红管家阵地，实现便民服务“零距离”。突出“一老一小”“三留守”等关爱服务，提供爱心义剪、免费体检、采购代购等公共服务。聚焦“一老一小一弱”服务体系建设，投资 100 万元建成乡镇老年大学，新建爱心食堂 3 个、四点半课堂 3 个、红星之家 4 个，配齐寄递物流、养老托幼、卫生医疗、共享食堂、积分超市、儿童乐园等便民活动阵地。

利益共享。完善联农带农富农机制，促使农户土地流转得“租金”、就近务工赚“薪金”、保底分红享“股金”、庭院经济得“现金”、效益分成得“奖金”，探索“农户增收、集体受益、企业增效”三方共赢乡村发展模式。目前已有 2 栋民房被红安美协、武汉木兰桃源河生态农庄公司租赁，由市场主体进行改造运营，仅旧楼河写生基地的日常卫生管理、运营维护、商户创业就解决 10 名以上村民就业。

6.3　完整社区建设

红安县顺应人民对高质量发展、高品质生活的新期盼，在争创国家生态文明示范县、省级文明县城、省级森林城市、省级卫生县城、省级园林县城（五城同创）过程中，广泛发动群众建设管理美好家园，携手创造幸福生活，全程参与城市创建，对照《完整居住社区建设标准》六个方面 20 项指标，配套完善便民服务设施，在共建共治共享中增强群众的获得感、幸福感。

6.3.1　南门岗社区共建停车场

城关镇南门岗社区市政小区一片土地属于个体开发商，一直处于废弃状态，三十多家居民长期在此种菜，私搭乱建多处临时建筑物，每到夏季臭气熏天，附近居民苦不堪言、怨声载道，多次到社区反映，要求整治。社区干部发动居民集思广益，召开场子会广泛收集意见，决定这个卫生死角纳入改善环境、服务民生的重点事项。为了争取这片土地开发商的支持，社区干部和群众代表两次到武汉市找开发商做工作，并多次电话沟通，最后以诚心打动开发商，同意无偿拿出土地建设公共停车场。社区干部群众迅速行动，仅用三天时间就清除了原有的蔬菜和乱搭的建筑物。群众没有索要补偿，并且积极参与停车场建设、捐资投劳，很快建成70余个车位的停车场，既改善了此地生活环境，又极大缓解了居民的停车难问题，可谓一举多得（图6–3）。

图6–3　南门岗社区共建停车场的前后对比图

南门岗社区再接再厉，坚持党建引领，建设幸福社区，广泛发动居民投入到“五城同创”和完整社区创建活动中来。2022年，动员多方投资120余万元，建设三个停车场、车位200多个。投资4万元，完成见缝插绿小微工程6个，共700多平方米，植苗6000余株。结合老旧小区改造，开展拆违控违活动20多次，拆除各类违法建筑11处1494平方米；清理圈地种菜12处，共2000平方米。卫生环境整治长抓不懈，开展卫生大扫除和清理牛皮癣20多次，清理陈年垃圾30多车。

6.3.2　培城社区共建养老中心

杏花乡培城社区在“五城同创”及完整社区建设过程中，持续推进老旧小区改造，构建便捷通畅公共设施，社区面貌不断焕新，群众获得感、幸福感不断增强。尤其是建成了红安县首家社区养老服务综合体——培城社区综合养老服务中心，一站式满足社区老年人的多样化需求，营造了丰富多彩的“家门口”老年生活，托起老年人的幸福“夕阳红”。

决策共谋。通过调查摸底，培城社区有60周岁以上老人600余人，赞成开展居家养老服务的达500多人，占老年人总数的85%，群众有养老需求，有服务要求。社区以共同缔造为抓手，以提升社区综合服务功能为目标，将养老机构“嵌入”到社区，整合多方力量和资源，搭建“一体化资源整合、一站式综合服务”的社区养老服务综合体，努力为社区老年人提供全方位、多层次、专业化的综合养老服务。

发展共建。培城社区凝聚政府、党员、群众、社会组织、志愿者等多方力量，搭建起包括日间照料中心、助餐点、理疗室等在内的社区“一站式”养老服务综合体，占地面积约800平方米，有房间5间、床位10张，满足群众多样化需求，为老人提供多重保障与服务。通过整合民政、卫健、住建、残联等部门的公共设施无障碍改造、老年人健康体检、特殊困难家庭适老化改造、居家上门服务等资源，解决社区老年人出行、居家生活的问题。通过搭建供需平台，以“嵌入式”养老机构整合社会组织、企业、个体户等资源，将助餐、家政、照料、理发、智慧养老产品、医疗等服务事项集中起来，老年人根据自身需求拨打社区养老服务热线后，工作人员即可安排相应服务。通过畅通爱心渠道，建立包含医生、律师、老师等跨专业的志愿者团队，为社区提供医疗、法律、培训等免费和低偿服务。

成果共享。培城社区养老服务综合体分为服务接待区、社交活动区、配餐服务区、康复理疗区、照料护理区、适老化智能化宣教展示区，有服务中心、党员之家、学习课堂、康复理疗室、食堂、音乐室、舞蹈室，各种功能配置及养老设施设备齐全，引进专业养老机构负责社区养老服务综合体的运营，通过专业机构前瞻的服务理念、专业化的服务团队，为老年人提供中医巡诊、中医康复、健康管理、日间照料、健康养生、文化娱乐、精神慰藉、家政维修、生活护理、医疗护理、适老化智能化宣教等养老服务，让老人们在“家门口”享受到专业养老服务。老人们入住后可以下棋、看书、练书法、学唱歌、学跳舞、练形体，各得其乐。对在社区养老服务中心参加日间照料、娱乐活动的老人，工作人员都会为其建立一份包括身体状况、家庭住址、紧急联络人、个人爱好等信息的档案，针对性地开展康复和文化娱乐活动。驻社区的养老服务机构组建专业的评估团队，对辖区老年人身体状况进行评估，提供“一人一案”式理疗、按摩、艾灸等康养服务。培城社区综合养老服务中心对周边15分钟生活圈内老年人提供无偿、低偿养老服务项目，织密养老服务网络，为老年人提供日常照护、健康护理等全面的居家养老服务，打造养老生活服务15分钟生活圈。派驻专业的护工、医护人员，把养老机构的服务下沉至社区养老服务中心周边

15分钟生活圈内，提供居家上门养老服务，开通“社区养老服务热线”，对困难老人定期进行安全巡访和精神关爱，对独居老人定期进行电话访问和上门巡访。随着社区养老服务综合体的建成和运营，老年人拥有了“家门口”的幸福新生活（图6-4）。

图6-4 培城社区综合养老服务中心

6.3.3 五丰岗社区共建“问有园”

杏花乡五丰岗社区干部通过入户调查，了解到居民最不愿意看到的是河坎湾小山包的烂菜地，最期盼的是建设口袋公园。经召开居民代表座谈会，共谋商定将河坎湾小山包改建为口袋公园，并命名为“问有园”。园子虽小，但体现三个特点：

大师领衔，走进全国展览。利用住建部定点帮扶红安县的优势，邀请了全国政协委员、北京画院院长、北京书画家协会副会长吴洪亮先生来现场调研指导，与社区干部群众共谋共议、挖掘历史、激发创意，吴院长亲自题写“问有园”牌匾、“遥指亭”对联，提出牧童雕塑、杏树林布局等创意，并亲自担纲住建部组织捐建的NBA乡村篮球场的设计工作。2022年12月，“问有园”设计成果在武汉双年展展出，又在全国政协书画作品展亮相。“问有园”已走出红安，走向全国舞台。

文化塑园，彰显地域品牌。杏花乡得名于杏花村，源于唐朝诗人杜牧《清明诗》名句：“借问酒家何处有，牧童遥指杏花村。”据《黄安县志》记载，这里原有一座“问有桥”，为当年“问有”对答之地。结合历史典故，社区干部群众共谋商定将河坎湾口袋公园命名为“问有园”，将附近的乡村篮球场命名为“杏花村”篮球场。经北京画院、同济大学专家现场“把脉”献计，干部群众共同参与，确定以“入口牌匾、牧童雕塑、遥指亭、杏树林”构成景观主线，以大师书法作品点题，营造“问有园”文化意境，强化“杏花村”地域品牌形象。

大家动手，居民游客共享。一是方案大家定。在项目前期，社区干部走访老党员、老干部、老居民，系统梳理社区历史和发展脉络；对辖区内自然资源详细摸底。召开党员代表、居民代表会议，详细了解大家的需求和意见建议。最终决定将这片社区未充分利用的“边角料”作为“口袋公园”选址。二是功能大家谋。根据群众诉求，将地块整体打造为集休闲游憩、运动健身、社会交往于一体的口袋

图6-5 “问有园”实景

公园，同时也是彰显文化特色、生态景观效果的文化景点（图 6–5）。根据大家意见，多次修改完善设计方案。融入本地文化、历史元素，体现地方建筑特色，采取见缝插绿、适当留白的方式，凸显诗画意境。三是工程大家建设。社区组织专班对周边私搭乱建的各种建筑、立方公司职工违规建设的两间车库进行依法拆除。运用共同缔造理念，发挥社区干部、党员中心户的作用，发动群众参与到“问有园”建设之中。又在旁边建设小型停车场、划定停车位，方便周边居民出行。大家在共建中提高了获得感、幸福感和认同感，在建设过程中没有发生一起信访问题。四是质量大家控。县委组织部一名副部长牵头负责“问有园”建设，一名正科级干部常驻社区检查督办，包片县领导定期到现场督导施工进度，居民代表日常监督工程质量。社区居民积极爱护所植花草树木，自觉维护公园环境卫生。五是成果大家享。2023 年 6 月，住建部帮扶办公室发起、13 个中央部委定点帮扶机构参加，在红安举办了首届全国层面乡村三人篮球挑战赛，来自 13 个省 21 个县的代表队参赛，央视网开通赛事专栏，2600 万人次观看，2.7 亿人次阅读。杏花村篮球场是该赛事举办的比赛场地之一，问有园及杏花村篮球场走进了球迷的心中（图 6–6）。

图6-6 “杏花村”乡村篮球场

第7章 共同缔造红安经验

7.1 红安县共同缔造探索历程

红安是全国共同缔造工作最先示范地之一。从住房和城乡建设部研究决定在定点帮扶的4个贫困县，各选一个村开展试点，探索形成可复制可推广的共同缔造乡村治理模式开始，在住房和城乡建设部的领导下，红安县持续探索、总结推广共同缔造工作方法，中规院精选技术团队全程提供技术支撑，逐步实现了农民广泛参与，由“要我干”转变为“一起干”，由“为民做主”转变为“由民做主”，由“政府大包大揽”转变为“政府社会群众群策群力”，由“办点示范”转变为“整县推进”，共同缔造示范取得初步成效。

住房和城乡建设部先后向红安县选派四任挂职干部，负责美好环境与幸福生活共同缔造工作。在住房和城乡建设部指导下，挂职干部与红安干部群众共同努力，以柏林寺村为示范，以点带面，多个村庄和社区共同探索，形成了共同缔造红安经验。湖北省80余个县（市、区）、贵州省和广西壮族自治区党政代表团来红安参观学习共同缔造。中央电视台、中国建设报、湖北卫视、湖北日报等媒体宣传红安共同缔造经验，共同缔造成为红安县的靓丽名片。

7.2　共同缔造红安经验的特点

经过多年探索，结合革命老区实际，形成了“真发动、广参与，低投入、见成效，建机制、管长效，新阶段、新升级，可复制、可推广”的共同缔造红安经验。

7.2.1　真发动，广参与

老青少，全发动。重点关注老人、小孩，建立情感传输纽带，激发村民参与热情。**一是发动老人。**筹建老年人爱心食堂，分年龄对老人免费由村里提供补贴，举办百家宴，凝聚人心，得到老人拥护和子女支持。**二是发动小孩。**举办“四点半课堂”，规划师带领小朋友读绘本、做游戏，寓教于乐，通过孩子向家长传输共同缔造理念；举办“我心中美丽的柏林寺”演讲比赛，带动家长思考村庄发展问题；举行“爱我家园绘画比赛”，激发对美好环境的向往，发动小学生带头开展垃圾分类及清理活动；组织“小手拉大手”环境卫生评比活动，小朋友当评委入户打分，以真实公正的评比结果，触动家长的内心。**三是发动青年。**建立“柏林寺之声”微信公众号和微信群，发动在外青年献计献策，引导村民共商发展愿景。**四是发动妇女。**曹家畈村针对留守妇女，以村民议事理事会、村广场舞队为情感联系纽带，由村民议事会理事长、广场舞队队长及队友开展动员工作，提高妇女的话语权，发挥妇女能顶半边天的作用，起到良好的效果。小丰山村在女村支部书记周从贵的带领下，通过村民共谋，村民自筹资金，学习大棚蔬菜种植技术，新建蔬菜大棚 21 个，发动妇女脱贫户在大棚务工，带动贫困户 33 户增加收入，带领村民走出了“村集体 + 合作社 + 农户”发展模式，探索出一条绿色增收路子。

多共谋，慢出图。中规院技术团队花费大量时间倾听村民心声，凝聚村民智慧。**一是村民唱主角。**改变传统的自上而下的工作方式，做到“三个转变”，即政府由“决策者”转变为“辅导员”，规划师由“专家”转变为“参谋”，村民由“旁观者”转变为“主人翁”，形成多方协商共谋的局面。**二是多开场子会。**大力开展“三会一讲”（场子会、院子会、户主会、讲身边故事）活动，仅 2018 年就有 200 多场次。**三是模型共推演。**制定简易沙盘模型，规划师和村民一起推演规划方案，让村民看得见、摸得着、改得动。**四是摁红蓝图钉。**以红色、蓝色图钉分别代表满意、不满意，让村民在规划图纸上摁图钉表达心声，收集意见和建议 120 多条，直到求得村民意愿的最大公约数，形成简洁实用、村民看得懂的规划成果。

7.2.2 低投入，见成效

分难度，谋共建。最大程度发动村民共建家园。**一是家庭自建。**屋前屋后的简易工程项目，有劳动能力的家庭自行投工投劳完成。**二是能人共建。**有一定技术含量的小微工程项目，村内工匠、能人带队，采取邻里合作的方式共同建设。**三是集体共建。**技术难度较高的专业工程项目，由村民代表大会经过议事程序选择专业的施工队伍进行建设，采取以奖代补、工分计酬等形式，发动村民参与劳动。

政府投，村民筹。政府将财政资金作为种子资金，发动群众投工投劳，“花小钱办实事”。柏林寺村原本投资 60 多万元的文体广场，只用了 23 万元，节约资金 37 万元。截至 2022 年 6 月，柏林寺村投入财政和奖补资金 860 万元，乡贤能人和村民捐款捐物投工投劳 480 万元。受益村村支书参加了住房和城乡建设部组织的村党支部书记培训班，理解掌握了共同缔造理念方法，回村之后积极发动村民开展美好环境与幸福生活共同缔造活动。该村以村民为主体，党支部为主导，争取乡贤能人支持，成立理事会，发动村民共建共管共评共享。村干部示范带头干，深得村民信任，两年时间村民自发捐款 151 万余元，拆除危旧房、猪圈牛栏、旱厕 433 间，道路改扩建 4420 余米，实现生活污水治理全覆盖，新改建文化活动中心，并开展村庄绿化美化和无害化厕所改造。住房和城乡建设部联合 NBA 中国开展“美丽宜居乡村篮球场”创意设计方案征集活动，面向社会公开征集美丽乡村篮球场创意设计方案。柏林寺村干部群众共同决策，选取“圆梦”作品。为激发乡村活力和发展动力，住房和城乡建设部在柏林寺村捐助建成“圆梦”乡村篮球场（图 7–1），并在该球场举办了乡村三人篮球挑战赛。柏林寺村的知名度进一步提升，农特产品销路进一步扩大。

办实事，谋幸福。柏林寺村从房前屋后、村民身边的实事小事着手，拆除牛栏猪圈、危旧房屋，共建污水管网、风景水塘、党群服务中心、村史馆、文体广场、村民活动中心、思源亭，开展立面改造、风貌整治，村民自行建设小菜园、小药园、小果园、小花园、小游园等“五小园”，做到开

图7–1 柏林寺村“圆梦”乡村篮球场

窗见绿、推门入园，昔日“贫穷落后小山村”蝶变成为富有乡土气息、记得住乡愁的“幸福美好明星村”。

7.2.3 建机制，管长效

纵横向，全覆盖。坚持党建引领，构建“纵向到底，横向到边，共建共治共享”的乡村治理体系。**一是纵向至底。**红安县成立县委书记、县长任双组长的领导小组，推进组织设置、党员管理、村民自治、公共服务、文明创建“五进湾组”基层党建模式，构建“村党支部—湾组党小组—党员中心户”三级组织体系，每名党员就近联系10—15户村民。**二是横向到边。**成立村民理事会、道德评议会、红白理事会、卫生理事会、村组理事会和铜锣联防队“五会一队”，把每个村民都纳入一个或多个社区组织，让村民话有地方说、事有人去做。**三是“1+4N”组织机制。**“1”就是发挥村党支部的引领作用，“4”就是村组理事会、经济合作社、专项责任组、村庄监事会各司其职，“N”就是根据需要成立工作组，齐心协力开展共同缔造。

群众评，大家管。一是村规民约。组织制订村规民约、党员公约，共管日常行为；制订卫生公约，共管环境卫生；制订财务收支办法，共管资金安全；制订监管流程，共管施工质量。**二是群众共评。**以户为单位开展“最美党员”“最美庭院”“十星级示范户”“好媳妇”“好婆婆”等评比活动，对评比结果进行公示、挂牌，激发村民参与热情。曹家畈村经过决策共谋，举办“最美庭院”评比活动，在村民中获得热烈反响。评选活动经过召开村民大会、发动宣传、村民推荐和细节打分等环节，围绕“庭院美、心灵美、家风美”的标准，评选出最美庭院家庭并颁发奖牌。活动受到村民的热烈关注和积极参与，促使村民争相将庭院打扫得整洁干净。2022年4月，住房和城乡建设部联合中央电视台宣传报道了曹家畈村“最美庭院”评比活动。**三是积分管理。**村民通过参与社区劳动、志愿者活动、环境卫生治理、维护公共设施、村内评比奖项等方式获得积分，凭积分在村庄积分超市兑换物品、优先安排公益性岗位，形成共管共评共享长效机制。曹家畈村建立“爱心积分”评比机制，并创办“五美超市”。村两委与村民代表一起制定“五美”超市积分实施细则，明确党建引领治理美、绿色发展产业美、自然和谐环境美、民生改善生活美、乡风文明人文美的得分事项以及惩罚扣分事项。村民通过参与志愿者活动、环境治理、维护公共设施等方式获得积分，用积分在“五美超市”兑换物品，激励村民参与营造美好环境，提升村容村貌，取得良好效果。

自发建，自主管。共同缔造的种子在干部群众心中生根发芽，理念方法深入人心，干部群众能够自主开展共同缔造活动，自主决策，自发建设，自我管理维护，形成共同缔造长效机制。柏林寺村的思源亭所地的地方原来是一个废弃的榨油作坊。2022 年春节期间，利用回乡的时机，村民共议村庄所需，决定建设一个能跳广场舞和避雨遮阳的场所。有村民主动捐出废弃的榨油作坊所在的宅基地，大家积极捐款捐物、投工投劳，捐出了老石磨、石条凳、宣统年间的墙砖等老物件，以村中古老水井为中心，建设一个亭子，村民自主管理维护。村民通过共谋将其命名为“思源亭”，寓意为感念党恩、饮水思源（图 7–2）。

图7-2　思源亭

7.2.4　新阶段，新升级

从脱贫，到振兴。脱贫攻坚阶段，2019 年印发的《红安县美好环境与幸福生活共同缔造工作方案》主要工作侧重于乡村基础设施建设、人居环境改善两大方面，推动城乡人居环境取得明显改善，增强人民群众的获得感、幸福感。

乡村振兴新阶段，2022 年印发的《红安县乡村振兴阶段打造美好环境与幸福生活共同缔造升级版工作方案》，增加了产业分类引导、实施配套提升工程两大任务。坚持把产业振兴放在首位，按照农特产业型、红色旅游型、农旅融合型、企业参与型等模式进行分类引导。根据农文旅融合发展需要，实施 12 项乡村振兴配套提升工程。柏林寺村支持华中科技大学教授刘灵敬回乡创办的富安农业生态有限公司发展，采取“党支部 + 企业 + 合作社 + 农户”的方式，流转土地 2000 余亩，发展蔬菜大棚、红薯基地、有机肥生产基地、奶牛养殖、香猪养殖等特色产业，带动 200 多户村民，户均年增收 6000 余元。柏林寺村党支部组织成立合作社，发展红薯、野菊花、水稻等特色产业，村集体经济收入突破 30 万元。观音阁村采取红色旅游型模式，开展“三同”（干部与村民同吃、同住、同劳动）教育。观音阁村村两委与村民共谋，发展红色旅游，通过积极对接，湖北组织干部学院、湖北红安干部学院、湖北大别山革命传统教育基地现场教学点在村里挂牌，参加培训的干部在村庄与村民一起开展“三同”教学。村民共建多功能教室、红军饭堂、红军广场、红军路、红色民宿、重建烈士纪念碑，发展特色农业种植基地，找到村民致富增收好路子。张家湾村基于红安华润希望小镇项目，采取企业参与型模式，带动村民发展乡村旅游。通过企业与村民共谋共建，新建民居 142 户、党群服务中心、村民活动中心、米兰花酒店、希望农庄、非遗文化街、文体广场、希望演兵场、润心育苗馆。开展党员联系脱贫户活动，举行文明家庭、道德模范、最美邻里、好婆婆、好媳妇等群众共评活动，营造美好环境，提升幸福指数。“问计于民，问需于民”，帮助村民将房屋改造成为民宿，仅 2022 年就有 11 户民宿开业。成立旅游公司，设立民宿农家乐理事会，增强村民服务意识，形成特色民宿品牌，助力红色旅游发展，带动 110 余户村民共享发展成果。

从线下，到线上。以信息化为手段，推进建设数字红安，赋能共同缔造，推进将共同缔造的过程、场景、成果放于线上，在手机上能够发起村庄会议、网络投票、共建众筹、展示共评积分、享受社会服务和分享直播场景。

从乡村，到城区。共同缔造理念已在红安县深入人心，由乡村发展领域延伸至城镇建设领域。在红安县 13 个乡镇驻地、19 个城市社区广泛开展共同缔造活动，共同缔造成为破解城区镇区停车难、卫生差、绿地少、广场缺等痛点问题的重要工作方法，社区干部与居民群策群力、捐钱捐物投工投劳，建成了一批停车场、口袋公园、文化广场、街边绿地、小型游园等，工作成效深得群众拥护与好评，有效改善了城区人居环境，显著增强了社区居民的获得感、幸福感。园艺社区坚持“五共理念”，共建集贸市场。园艺社区霍庄湾原来有一块约 10 亩低洼菜地与墓地，垃圾遍地，臭气熏天，影响市容市貌和居民的生产生活。社区两委通过前期调查走访与广泛收集民情民意，了解到周边附近有近 2000 余户居民，附近没有集贸市场、停车场，居民强烈反应停车难、买菜难、出行难。为解决群众急难愁盼问题，经群众共谋，决定在园艺社区的霍庄地段建设一个高标准集贸市场。社区干部、小组干部与居民代表多次讨论，召开小组户主会确定集贸市场建设方案，并配建口袋公园和停车场。群众积极参与建设，主动拆除土地庙 1 座、临时建筑 200 平方米、违建房屋 2 间、小棚房 1 间，迁移坟墓 226 棺，免费征收 130 户居民菜园，群众自筹资金 122.5 万元。东风社区发动群众，共建文化广场。东风社区隔山湾原本是个臭水塘，周边垃圾成堆，群众反映停车难、如厕难、活动场地少、违建多、环境差。东风社区发动群众共谋隔山湾改造方案，投资 200 多万元，建设文化广场、篮球场、百姓舞台、停车场及公共厕所。群众积极参与建设，社区企业和个人捐资 97 万元，39 户居民捐资 8 万余元，自觉拆除房屋 18 间、铝制棚 160 平方米，没要一分钱补偿。隔山湾由垃圾场变为幸福乐园，群众幸福感显著增强。城区共同缔造正从房前屋后、群众身边实事小事入手，逐步转变为构建完整社区，聚焦群众关切的“一老一幼”设施和为民、便民、安民服务，补齐设施短板，健全服务功能，推进打造安全健康、设施完善、管理有序的完整社区。

7.2.5 可复制，可推广

红安县作为大别山革命老区县，立足实际、开拓探索，坚持发动群众、广泛参与，量力投入、务见实效，建立机制、务求长效，与时俱进、更新举措，形成了可复制可推广的共同缔造红安经验。

实践得出，共同缔造既是认识论，又是方法论；既是目的，又是手段；是理念，不是工程项目。美好环境与幸福生活是全体人民的共同追求，共同缔造应坚持党建是核心、群众是主体、社区是基础、参与是关键、制度是保障，以问题为导向，以空间为载体，践行好新时代群众路线工作方法，让发展成果更多更公平地惠及全体人民，共享美好生活。

推广篇

共同缔造经验的推广

第 8 章 共同缔造在湖北

8.1 湖北省全面推广共同缔造

2022 年 5 月，中共中央办公厅、国务院办公厅印发了《乡村建设行动实施方案》。其中特别强调要做到政府引导、农民参与。发挥政府在规划引导、政策支持、组织保障等方面作用，坚持为农民而建，尊重农民意愿，保障农民物质利益和民主权利，广泛依靠农民、教育引导农民、组织带动农民搞建设，不搞大包大揽、强迫命令，不代替农民选择。湖北省委出台《关于开展党员干部下基层察民情解民忧暖民心实践活动的通知》，把开展“共同缔造”活动作为其中的一项重要任务。2022 年 6 月，湖北省委召开第十二次党代会，提出广泛开展美好环境与幸福生活共同缔造活动，以城乡社区为基本单元，以改善群众身边、房前屋后人居环境的实事小事为切入点，以建立和完善全覆盖的基层党组织为核心，以构建“纵向到底、横向到边、共建共治共享”的城乡社会治理体系为目标，发动群众决策共谋、发展共建、建设共管、效果共评、成果共享。

2022 年 7 月 25 日，湖北省领导干部美好环境与幸福生活共同缔造专题培训班在湖北红安干部学院开班（图 8–1、图 8–2），推动共同缔造活动在全省广泛开展，不断取得实效。

2022 年 8 月，湖北省委办公厅、省政府办公厅印发《关于开展美好环境与幸福生活共同缔造活动试点工作的通知》（鄂办发〔2022〕23 号）文件，要求每个县（市、区）确定 5—10 个城乡社区（农村自然湾、城市居民小区）作为试点，

李荣灿出席全省领导干部专题培训班开班式强调准确把握共同缔造的核心要义实践要求推动实践活动走深走实①

7月25日，全省领导干部美好环境与幸福生活共同缔造专题培训班在湖北红安干部学院开班，省委副书记、省委党史学习教育领导小组副组长、办公室主任李荣灿出席开班式并讲话。李荣灿指出，开展美好环境与幸福生活共同缔造活动，是走好新时代党的群众路线、更好解决群众现实问题的需要，是贯彻落实省第十二次党代会决策部署、深入推进下基层察民情解民忧暖民心实践活动的重要举措。共同缔造既是认识论也是方法论，要认真组织好此次专题培训，让学员准确把握共同缔造的理论依据、深刻内涵、精神要义和路径方法，强化共同缔造理念、用好共同缔造方法，推动实践活动深入开展。

李荣灿强调，要弄懂共同缔造的理论依据，坚持以人民为中心的发展思想，广泛组织、发动群众开展共同缔造活动。要了解共同缔造的示范成果，认真学习省内外的成功经验和做法，坚定推进共同缔造活动的信心和决心。要把握共同缔造的操作路径，把"共谋、共建、共管、共评、共享"的工作方法贯穿始终；探索实施一批面向城乡社区的"以奖代补"实事项目，充分调动群众参与共同缔造活动的积极性和创造性；加强党建引领和保障，发挥好基层党组织战斗堡垒作用，把党的领导落实到共同缔造的全过程各方面。开班式结束后，李荣灿先后来到红安县七里坪镇柏林寺村、城关镇曹家畈村，麻城市阎家河镇古城村、石桥垸村、城西社区刘家畈小区，实地查看美好环境与幸福生活共同缔造工作。他强调，共同缔造的基本单元是城乡社区，要积极推动资源、服务、平台向乡镇（街道）、村（社区）等基层单位下沉，利用好互联网手段，提升基层服务群众的条件、能力和水平。要从人居环境改善、污水垃圾处理等群众身边、房前屋后的实事小事做起，让群众的事群众商量着办、群众参与着办，激发内生动力，共同缔造美好环境和幸福生活。

---

① 李荣灿出席全省领导干部专题培训班开班式强调：准确把握共同缔造的核心要义实践要求推动实践活动走深走实[N]. 湖北日报，2022-07-26.

图8-1　全省领导干部共同缔造专题培训班在红安干部学院举办
（图片来源：永葆红安红网站）

图8-2　全省领导干部共同缔造专题培训班学员在柏林寺村考察
（图片来源：永葆红安红网站）

发动群众，组织群众，充分发挥群众主体作用，探索决策共谋、发展共建、建设共管、效果共评、成果共享的方法和机制，形成一批可复制可推广的经验。以习近平新时代中国特色社会主义思想为指导，践行以人民为中心的发展思想，走好新时代党的群众路线，以城乡社区为基本单元，以改善群众身边、房前屋后人居环境的实事小事为切入点，以建立和完善全覆盖的基层党组织为核心，以构建“纵向到底、横向到边、共建共治共享”的城乡社会治理体系为目标，以决策共谋、发展共建、建设共管、效果共评、成果共享为路径，坚持党建引领、群众主体，坚持因地制宜、分类施策，坚持试点先行、稳步推进，深入开展美好环境与幸福生活共同缔造活动，增强人民群众的获得感、幸福感、安全感，为建设全国构建新发展格局先行区凝聚强大动力。到 2022 年年底，试点工作取得阶段性成效，试点的城乡社区人居环境明显改善，群众主人翁意识不断增强，共同缔造的长效机制初步建立，培养一批掌握共同缔造理念和方法的骨干人才，形成一批可复制可推广的经验。强调要加强领导，压实责任，实行“一个试点一名县级领导挂帅、一个部门包保、一个专班蹲点主抓、一套实施方案推进”的工作机制；要建强组织、健全体系，把党的领导贯穿共同缔造活动全过程、各方面，健全有形覆盖与有效覆盖相统一的基层党组织体系，统筹政府、社会、企业、群众多方力量，着力建设完整的社区环境体系、服务体系、治理体系；要以奖代补，激励先进，支持市、县两级统筹各方资金用于“以奖代补”项目建设，形成各方资源汇聚、群众充分参与的有效机制；要下沉资源，赋能基层，按照“能下尽下、应下尽下”原则，推动市、县两级将资源、服务、平台下沉至乡镇（街道）、村（社区）等基层单位；要加强培训，增强实效，利用党校、干部培训基地等阵地，分层分类对基层党组织书记、工作专班、社区工作者、志愿者、群众代表等开展专题培训。

8.2 湖北省黄梅县五里墩社区，以共同缔造推动高质量发展

8.2.1 现状概况

黄梅县是湖北省黄冈市辖县，地处鄂东南部，大别山区尾南缘，长江中下游结合部的北岸，为鄂、赣、皖三省交界。东与安徽省宿松县接壤，西与湖北省武穴市毗连，南与江西省九江市区隔江相望、一桥相连（即九江长江大桥），北与湖北省的蕲春县山水相依，素有“鄂东门户”之称。黄梅共同缔造工作开展率先从黄梅镇五里墩社区开始，五里墩社区位于县城城郊东部，属高铁新区中心区域，高铁黄梅东站坐落于社区，距离黄梅中心城区 2.5 公里，包括因黄梅高铁东站建设安置原村的集中安置区和保留乡村生活方式的李时新自然村，社区现有户籍总人口 427 户，1762 人，被划分为 6 个网格进行管理，其中安置区设置 4 个网格。2 组李时新自然村约 50 户，263 人（图 8-3）。社区老龄化现象突出，60 岁以上老人占人口比重达到 14.6%（国际标准为 60 岁以上 10%，65 岁以上 7%）。通过共同缔造的开展，缩小集中安置区与李时新自然村之间的生活环境差距，提升整体宜居品质，谋划乡村可持续的转型发展路径。

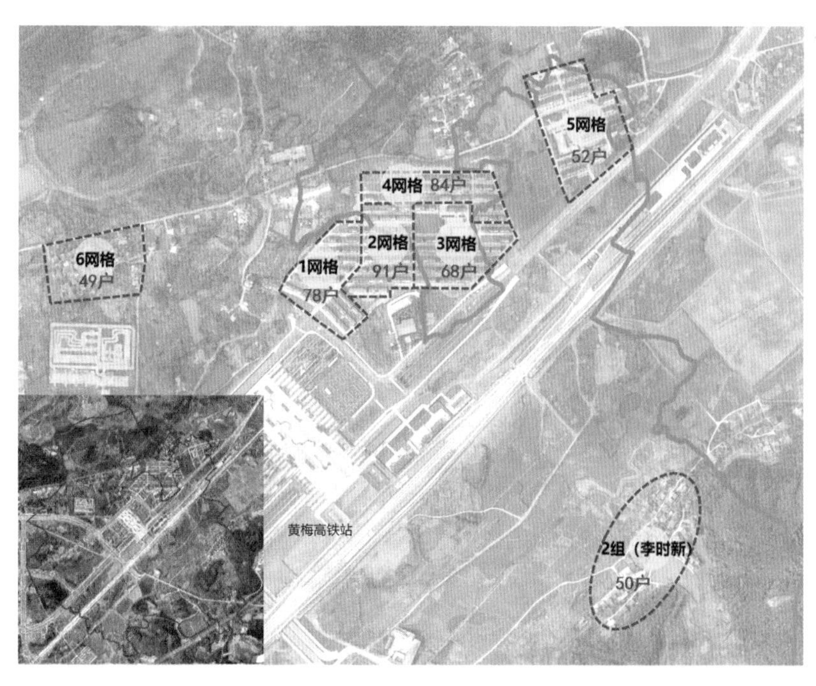

图8-3　五里墩社区人口分布图

8.2.2 健全机制

政府在基层治理中一直扮演着非常重要的角色，五里墩社区在共同缔造中联结党群建强治理体系，健全机制制度，共谋社区发展。

（1）完善组织架构

由镇书记牵头成立工作指挥部，社区成立五里墩社区党总支委会，下设三个党支部，完善“社区党总支——湾组党支部——网格党小组——党员中心户”组织架构，充分发挥党员先锋模范作用，增强基层党组织战斗力、凝聚力。打造“1+3+N”组织联户模式，党员中心户、退役军人联系户、居民代表联系户挂牌正式亮相，架起党群“连心桥”（图 8-4）。

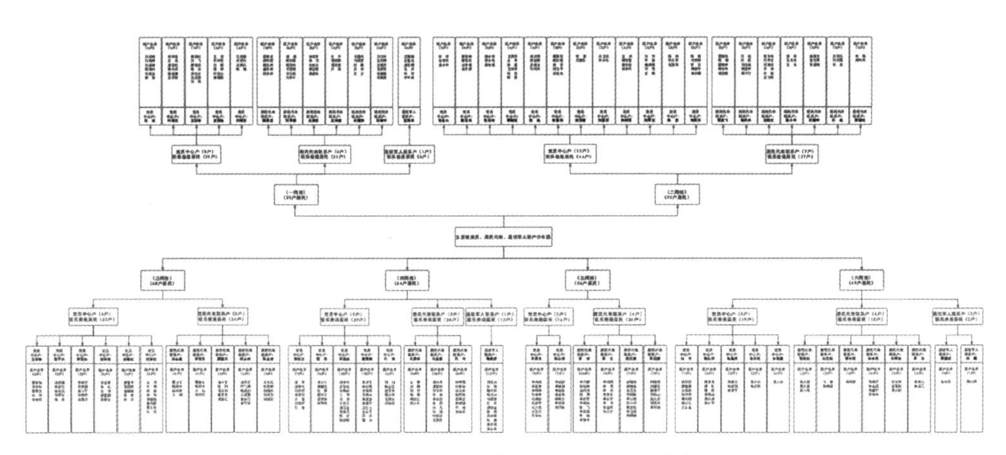

图8-4　党员、居民代表、退役军人联户分布图

（2）搭建共治平台

构建以居民自治协会为核心的自治体系，搭建群众参与社会治理平台，激发群众参与积极性，充分发挥湾组自管会、“五老”理事会、居民议事会、环境理事会的作用（图 8-5），劝解社区居民主动无偿拆除违章建筑 63 处。

（3）制定居民公约

为了推进社区经济社会和谐发展，规范社区居民清洁卫生行为，树立良好的民风，创造安居乐业的生活环境，经群众提议、社区“两委”研究、居民代表大会讨论通过，制定了居规民约。

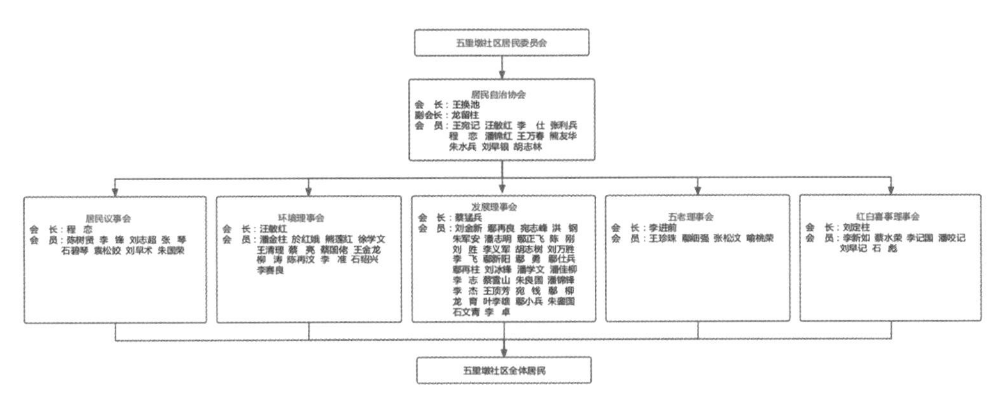

图8-5　五里墩社区自治体系图

8.2.3　汇集民意

社区坚持让群众当主角，对村湾如何建、环境如何改、绿化怎么做等问题，由群众“自己提、自己议、自己谋”，让群众主动参与村级事务，从“众口难调”变成“众望所归”。

（1）调研走访听群众说

找准群众真实需求，从群众身边的小事、关注的难事、想办的实事入手。村两委和技术团队进村入户，遍访335户，聚焦群众关心的生产生活、便民服务、阵地建设等内容，倾听群众心声，摸清群众所需急盼，收集群众意见建议420条，系统梳理基础设施类、环境整治类、产业发展类、便民服务类和社会治理类5个方面41条建议（图8-6）。借智中规院、华中农业大学等技术团队意见，组织制定了切合李时兴自然村实际的共同缔造规划建设方案。

（一）基础设施类（17条）

1. 居民住进安置区后，邻居都不熟，家里来客问个路搞半天。建议对房屋进行楼幢标识，安装指示牌、逐户安装门牌，规范管理；

2. 安置区四周无围墙，发生多起盗窃，居民缺乏安全感。建议对安置区建设四周围墙，在出入口修建门楼，设置门禁，规范安置区安全管理；

3. 安置区道路四通八达，车辆横冲直撞，存在极大的交通安全隐患。建议对安置区辖区内主要道路合理设置减速带与道路标识牌，消除交通安全隐患；

4. 居民反映安置区到处是房子，缺少居民休闲场地。建议在安置区和二组规划建设一批小游园，让居民休闲有去处；

5. 安置区停车位非常少，导致通道四处乱停乱放。建议在安置区合理设置停车位，对原有停车位改造升级，建设生态停车位；

6. 安置区建设布局和风格很漂亮，但不足的是电线、网线到处拉，严重影响整体风貌。建议对强、弱电线路进行改造，美化安置区整体环境；

7. 安置区内有几个店铺，招牌做的大，色调与安置区风格不配套。建议安置区内所有店铺必须统一店招，做到样式、颜色统一，且符合安置区整体风貌特征；

8. 安置区东侧、西侧在雨天经常积水，影响群众出行。建议在安置区低洼处开挖一个大池塘，建设安置区循环景观水系，既解决安置区下雨天积水问题，同时又提升安置区的灵润度；

9. 安置区居民反映手机信号特别差，接电话经常掉线。建议联系相关部门，在安置区安装信号接收装置，提升手机

图8-6　入户走访梳理问题建议图

（2）“庭院夜话”让群众议

共同缔造工作期间，社区支委牵头常态化开展“庭院夜话”，按照“党组织引领＋自治组织议事＋村民拿主意”的模式，让群众对意见建议进行讨论评议，“干什么、怎么干、干成什么样”由大家自己商量。先后召开湾子夜话 11 场，举办“花好映月圆·美好共缔造”中秋晚会、“周末课堂”等共同缔造政策宣讲会 5 场，通过现场政策宣传、互动问答的形式向居民宣讲“五共”理念，在欢声笑语中增进了居民对共同缔造的理解，积极引导居民主动参与到共同缔造活动中来（图 8–7、图 8–8）。

图8–7　中秋晚会共同缔造宣讲图

图8–8　周末课堂共同缔造宣讲图

（3）项目决策由群众定

通过广泛征求意见、群策群力、凝聚共识，对涉及到群众利益的事，由村干部提供政策咨询、疑问解答等指导服务，所有事项由群众拿主意、定调子。全体村民对村容村貌、基础设施建设等事项进行讨论，最终确定当家塘整治、推窗见绿等 41 个共建项目，创造性地探索出“433”共同缔造活动项目筹资办法，即居民个人出资 40%、社区筹资 30%、乡贤捐赠 30%，用于居民房屋换瓦，围墙、房屋立面改造等项目。动员在家居民投工投劳，采用“计工分、算积分”的模式，激励群众参与房前屋后建设。成立社区集体经济合作组织，整体流转李时兴自然村 300 亩集体农田，启动工厂化、园艺化、智能化发展高端农业项目，建设现代农业发展的样板区。

8.2.4　凝聚民力

社区以改善群众身边、房前屋后的实事小事为切入点，以实实在在的成效吸引群众参与，发动群众出资出力、投工投劳，村民从“站着看”变成“一起干”。

（1）有法出法，集思广益办

共同缔造开展前，李时新是一个完全自组织建设原生态的自然村，村两委和居民自治协会组织清垃圾、清杂物、清路障和残垣断壁和清庭院的“四清”活动（图 8-9），确认村内的宅基地，疏通村内道路，明确活动空间，提出了先急后缓、先易后难、先减后建和先点后面的四个工作原则，按照开展四清四化整环境、实施设施提升补短板、满足需求升级做节点和推进全域综合提风貌四个步骤开展五里墩的共同缔造。对于项目建设中遇到的困难和问题，村民一起想办法，就地取材、变废为宝、变乱为序。在小花园、小果园和小菜园的村庄“小三园”整治过程中，群众利用废弃砖瓦、旧木料、旧石磙等物品，对农村人居环境进行“再创作”，建设微景观、打造小菜园 14 个（图 8-10）。在当家塘、雨水沟修整项目中，群众自发组织疏通堵塞沟渠 600 余米，铺设堰塘步道 300 余米，清理垃圾 5 吨，推动农村人居环境换新颜。

图8-9　李时新自然墩“四清”活动图

图8-10　李时新自然墩美丽菜园图

(2) 有力出力，集中力量办

村两委党员干部带头干，引导群众参与每个项目建设，推动项目早落地、快实施。村两委和居民自治协会商议首先完善民生设施，解决村民急难愁盼，技术团队工作组与村民因地制宜明确村庄黑水、灰水、雨水排水方案后，村民主动参与的到自家排水沟的建设中，村内脏、乱、臭的环境得到明显改善（图 8-11~ 图 8-13）。在公共活动空间建设时，村民凭借多年种养果林的经验，对村口快要枯败的大树提出救治方案，树的四周适当抬高或围挡，防止污水倒流树坑，污染根部，树坑可以结合休息椅设置统一设计。在议事廊

图8-11　李时新自然墩村民建设排水沟图

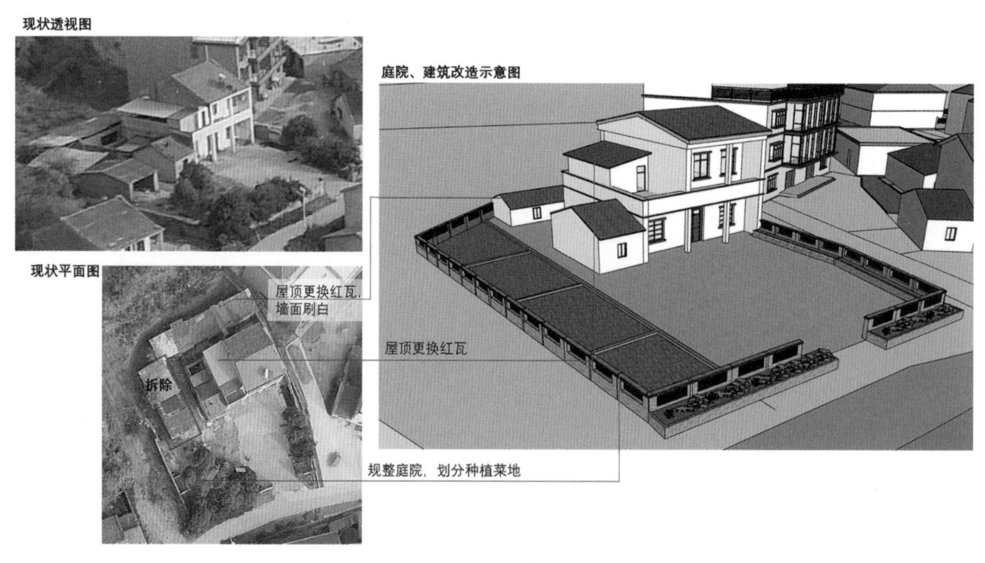

图8-12　李时新自然墩“一户一策”建筑及院落改造方案详图

图8-13　李时新自然墩“一户一策”建筑及院落改造方案整体图

的建设中，由有建设经验的村民主导进行放线，指导村民建设，参考建筑材料的价格，提出屋顶的优化方案，符合安全、经济、美观的要求。在选择村庄绿化、美化，“小三园”建设时，群众代表提出用乡土化、易维护的树种植物，并进行公示，村民根据自家果园情况，提出修改意见，在实施过程中，每户出劳力参与挖基坑、制护坡等力所能及的事，节约建设成本。在风貌提升时，村“两委”收集村民需求，与技术团队制定了一户一策的建筑及院落改造引导，明确了每一步改造构件的造价参考，供村民选择，参与到自家风貌提升建设中。

（3）有钱出钱，共同出资办

坚持“少花钱、不花钱、干成事”，动员群众有钱出钱、有力出力，共同解决好与人民群众息息相关的民生实事。比如，在李时兴新村探索庭院整治“433”机制，即费用群众出四成、集体出三成、能人出三成，群众非常认可，主动改造的积极性更加强烈。

8.2.5　凝聚民智

五里墩积极探索多元共管、全民共管有效机制，推动“大家事情大家监督”，将群众“满意不满意、高兴不高兴、认同不认同”作为工作标准，做到“环境美不美，村民说了算；建设好不好，群众来评判”，探索共管共治新机制。

（1）科学划片，优化自治单元

图8-14　五里墩社区积分超市

结合“就地选才”与“广聚群贤”，化零为整，依据特长、志趣、技能和需求，将群众分组集聚到四个兴趣小分队。文艺宣传队吸纳能歌善舞者，用舞蹈歌声宣传党的理论，让群众随时听到党的声音；泥瓦匠工程队集聚手艺人，以“添砖加瓦”共建美好家园；百姓评分队请进“五老能人”，当好积分超市的“裁判员”（图 8-14）；治安巡逻队吸纳退役军人，为和谐稳定保驾护航。

（2）统筹监管，延伸自治内涵

成立红白理事会、村民议事会、矛盾调解委员会等组织，在村级重大事项、矛盾调解、移风易俗等工作上发挥积极作用，以“三天巡、一周验、月月评、重点时节每日查”监管机制，增强村级组织高效运行的人员保障。坚持群众自评、邻里互评、党员督评，开展“好婆婆 · 好媳妇：文明风尚类”“遵纪守法类”“环境卫生类”评比活动，用身边事教育引导身边人，社区关系更加融洽。

（3）整合力量，拓展自治成效

完成 81 户党员中心户、退役军人联系户、居民代表联系户挂牌工作，打造 6 个“红星之家”议事阵地，完善党的管理和服务下沉到村民“纵向到底”的组织架构。“红管家”带头开展农村人居环境整治等事项，常态化检查农户门前屋后的环境卫生，制定“小手拉大手”人居环境整治评分管理办法，事先明确评比内容与细则，事中组织青少年认真评比，有问题当场指出、即时整改，定期组织开展公共区域卫生大清扫活动，引导群众养成良好环境卫生习惯，带领群众共同管理维护美好家园，形成人人参与、齐抓共管的良好局面（图 8-15）。

图8-15　五里墩社区卫生评比

（4）激励引导，晾晒评比结果

对各类活动评比结果进行张榜公示、赋分奖励。对评比检查中不符合要求的限期整改，未整改到位的按村规民约给予处罚，连续两季度评分最低的住户取消积分兑物的资格。通过奖惩结合、激励引导，村民积极性、参与度不断提高。

8.3　湖北省大冶市沼山村，以共同缔造建设和美乡村

8.3.1　现状概况

沼山村位于湖北省大冶市保安镇与鄂州市沼山镇交界处，距离武汉城区约 80 公里。村湾群峰环绕，生态本底优良，拥有狗血桃（国家地理标志产品）、刘通湾古村落（中国传统村落）等特色资源。2022 年，全村 58 户 258 人，村湾面积 1.2 平方公里，耕地 171 亩，人均耕地 0.66 亩，拥有万亩桃林，被誉为“湖北省四大赏花圣地”。近些年，沼山村借助其生态资源本底，打造了“古村桃乡”3A 级景区，实现村庄景区化发展。

作为湖北省开展美好环境与幸福生活共同缔造活动第一批试点，沼山村聚焦基础设施完善、生态环境质量提升、乡村产业发展等方面，坚持党建引领，充分发动群众，一起出点子、抓建设，从“房前屋后”小事、“村头巷尾”实事、“山间水边”好事等入手，践行“五共”理念，持续开展共同缔造活动，探索出了一条景区化村湾建设的振兴之路。通过多种渠道问计于民，努力形成可复制、可推广的乡村建设共谋、共建、共管、共评、共享机制，一体化推进美好环境与幸福生活共同缔造活动。

8.3.2 谋好原则思路，筑牢工作基础

（1）坚持三个导向

一是坚持党建引领。打造以村两委干部为主体、党员示范户为核心、群众志愿者为基础的基层治理服务队伍，提升治理效能。以老支书杨道胜为代表的基层党组织带头人，发挥先锋模范作用，带动乡贤能人参与乡村建设。

二是坚持群众路线。积极搭建多种形式的公共议事平台，在广泛协商中找准群众真实诉求，积极发动村民共谋共建，一起出点子、抓建设。

三是乡土特色。建设手法充分体现农村特点，注意乡土味道，保留乡村风貌。不在村湾搞大拆大建，对老村委会、土场等重要节点建筑进行改建时，充分考虑与周边已有建筑、山水环境的协调关系。

（2）遵循三个原则

一是统筹兼顾的原则。兼顾面子与里子改善，既要提升村容村貌、改善人居环境，也要推动产业发展、增加村民收入；统筹居民与游客需求，村落设施的配置既满足村民日常的需求，也考虑游客的需要；统筹个体与集体利益，从大局出发，集体利益为重兼顾个体村民的实际诉求。

二是长效持续的原则。乡村建设轻介入、微更新，不搞大拆大建，从房前屋后入手，逐步改善环境；就地取材，尽可能选择当地的建造材料，避免大量采用外地材料，增加成本；注重运营维护，即设施建设完成后做好后期运营管理，确保设施有效运转。

三是循序渐进的原则。大处着眼、小处着手，做好整体谋划，从小事入手，逐步推进建设；点线面、近远期相结合，村庄建设不仅要做好单一的设施或空间设计，还要对道路交通、河道、绿道等统筹谋划，由线串点，进而实现面域的发展。做好项目的时间排序，按计划推进项目建设。

（3）做好三篇文章

一是做好环境改善。良好的人居环境是建设宜居宜业和美乡村的基础，要作为共同缔造的重要任务。

二是谋好产业发展。产业兴旺是解决农村一切问题的前提，只有实现乡村产业振兴，才能更好推动农村全面发展。

三是推动乡村治理。治理有效是实现乡村振兴发展的重要保障，建设充满活力、和谐有序的善治乡村，努力构建现代乡村治理体系。

8.3.3 聚焦重点内容，明确工作方法

改善农村人居环境是实施乡村振兴战略的重点任务，也是农村建设的主要内容。农村人居环境整治直接关系到农民群众的获得感、幸福感、安全感，因此，以改善群众身边、房前屋后人居环境的实事、小事为切入点，开展共同缔造，能够有效提升村内人居环境，激发村庄发展的内生动力，推进乡村建设发展。

沼山村环境改善方法可以归纳为“五法六步”，通过聚焦重点内容，步步推进，改善村湾人居环境。

（1）先谋后动

明确村湾发展思路、总体布局，在此基础上开展建设。通过对现场踏勘，结合村湾的自然生态本地及村民发展诉求，明确“古村桃乡”的建设思路。梳理村内闲置房屋资源及重要景观节点，通过挨家挨户的访谈，识别可以改善与再利用的公共空间及部分闲置房屋，确定“杨文昌十景”，十个景点由 Y 字形轴线串联，形似一颗盛放的桃树。在总体思路确定的基础上，形成项目清单，逐步推进项目建设（图 8-16）。

（2）先急后缓

确定村湾重要节点改造内容及改造顺序，优先解决村民急难愁盼的问题。为了更好地了解村民需求，规划技术团队对村民进行了访谈摸查，明确诉求。村民对于雨季路面积水严重、缺少公共厕所、村内道路系统不通畅、缺少室内活动空间、农产品缺少展示空间等问题反映较多，因此疏通村内沟渠、新建公共厕所、打通断头路、改造老居委会及土场等成为规划的重点内容（图 8-17）。

（3）先易后难

从村民身边关心的简单小事做起，一步步打开局面。按照“一户一策”主动上门征求意见建议，多次组织讨论会围绕美丽乡村“怎么建”“建成什么样”“由谁来建设”“建后谁来管”，老旧设施“怎么改”“改成什么样”“由谁来

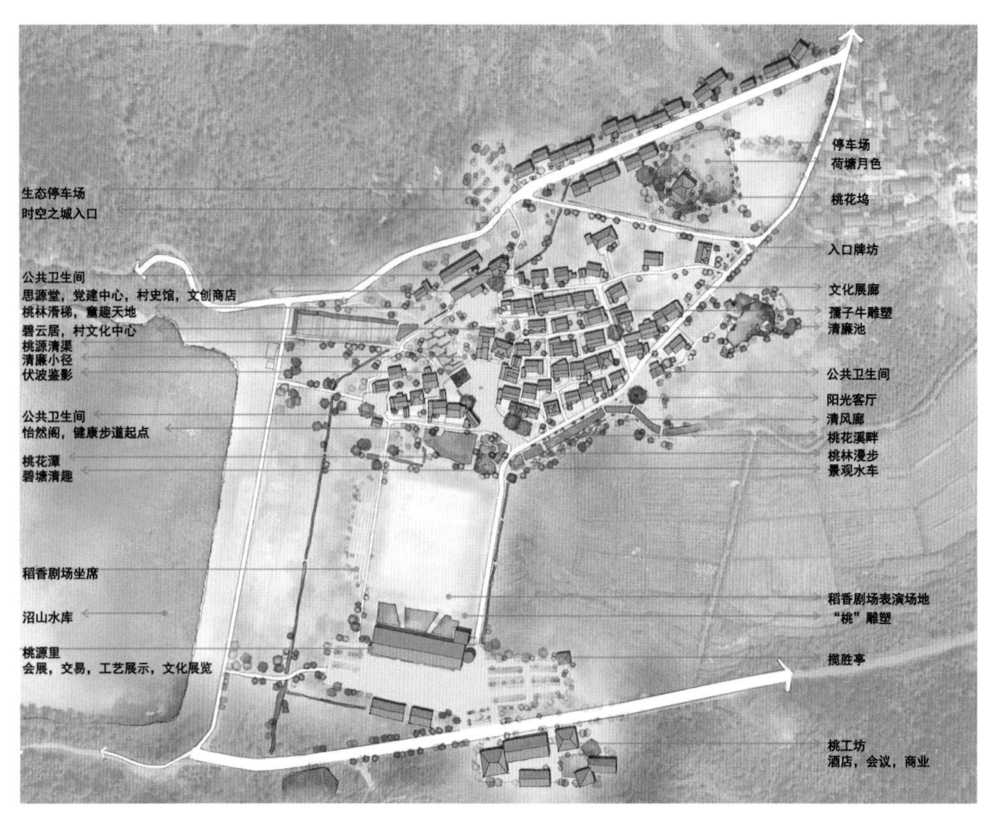

图8-16　杨文昌湾规划平面图

图8-17　村湾水系设计思路

改造”“改后谁来管”开展讨论。从最先与村民达成一直的项目入手，取得村民的信任，动员村民积极参与其中（图 8-18）。

图8-18　村湾夜话

（4）先减后建

从整理环境入手，充分利用现有空间与建设基础，谨慎增加大规模建设。一方面杨文昌湾建设相对集中，缺少新增建设空间，需要采用减法模式，对村湾人居环境进行改善；另一方面，村湾缺少新增建设用地指标，且新建项目需要筹集资金，进一步增加项目落地难度（图 8-19）。

图8-19　村湾建筑拆建方案

对现状建设空间进行梳理，识别村庄内部闲置可利用的空间，拆除部分加建房屋或破损房屋，建设小菜园、小花园等，增加村庄内部公共空间；对老居委会、闲置土场进行改造，建设村内综合服务中心、非遗展示场馆，补足功能。

（5）先点后面

从村湾重要的公共空间改善入手，逐步扩展至村域。将点状的重要设施建设、公共空间环境改善、闲置房屋功能置换等作为切入点，小投入但对于村湾的建设改善明显，易于接受。同时，避免盲目建设对村湾造成不必要的破坏（图 8-20）。

图8-20　村湾土场改造方案

8.3.4　摸清困难诉求，确定改造步骤

（1）保安全

主要是村湾拆违改危、增设路灯围栏等设施，保障基本的生活安全。通过对村湾内部民居的年代、结构、外观、是否有人居住等进行综合评估，确定房屋质量等级，对于危房或违建房屋，通过与村民沟通，进行拆除。增加部分路段的照明设施，在沟渠两侧加装围栏，确保行人与非机动车的安全（图 8-21）。

（2）整环境

主要涉及河道湖塘清淤治乱、整饰一庭三园等。通过对现状分析，村湾水渠可分为功能性与景观性两类。功能性水渠主要用于排水、引水，还原村庄原始水系统；景观行水渠在保有原排水功能的同时，可结合慢行体系，串联清廉池、荷塘月色、泄洪渠等水景节点，打造景观水系统。通过对现状梳理，北渠主要进行疏通、护坡改造、加设围栏等措施；南渠除上述内容外，还应开放水闸放水，封闭水井向东的出水口；中渠则强化景观设计（图 8-22）。

（3）补短板

主要是提升村湾内部公用设施及疏通道路水系，补齐基础设施建设短板。整治“蜘蛛网”线路，建议组织电力、移动、电信、联通等多个部门，进行全面筛查，制定整改方案，电表入户和“蜘蛛网”整治同时进行。完善排水设施，

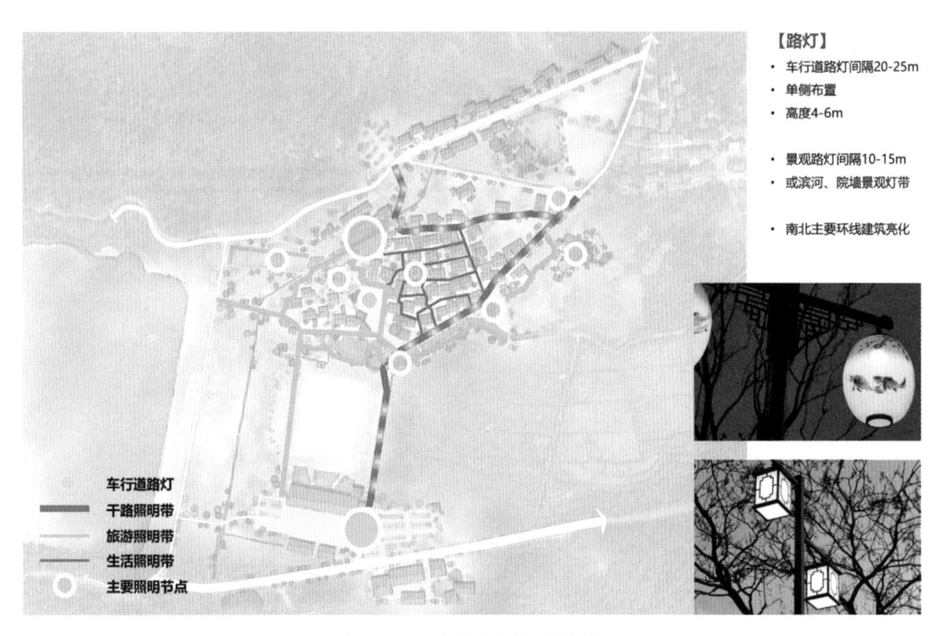

图8-21 村湾照明系统设计

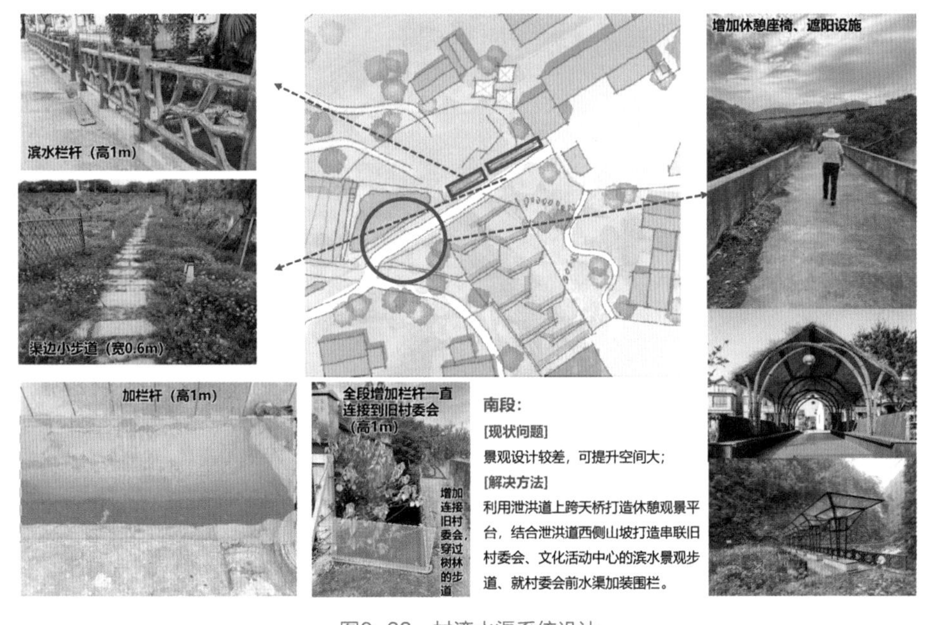

图8-22 村湾水渠系统设计

增设路肩、排水沟；北渠上跨道路改造，增设排水箅子；疏通北渠排水等。结合需求，在村湾重点公共空间增加公共厕所等（图 8–23）。

（4）做节点

增补与修缮相结合，升级村湾功能景观。村庄内部拆除的空地改造为点状绿地，打造小巧宜人的景观绿地，服务村民生活需求。沿路补种绿植花卉，提升

图8-23 村湾水渠改造方案

景观功能。在村口香樟树附近考虑增设休闲座椅，打造小型游憩区。进行最美庭院评选，激发村民的参与积极性（图 8-24）。

图8-24 村湾绿地节点

（5）优线路

梳理村湾内外通道，做好旅游道路、生活道路的分类建设。优化入口道路线行，打造村湾门户形象。完善道路系统，疏通断头路，对于侵占道路系统的庭院进行拆除，增加重点路段绿化等（图 8-25）。

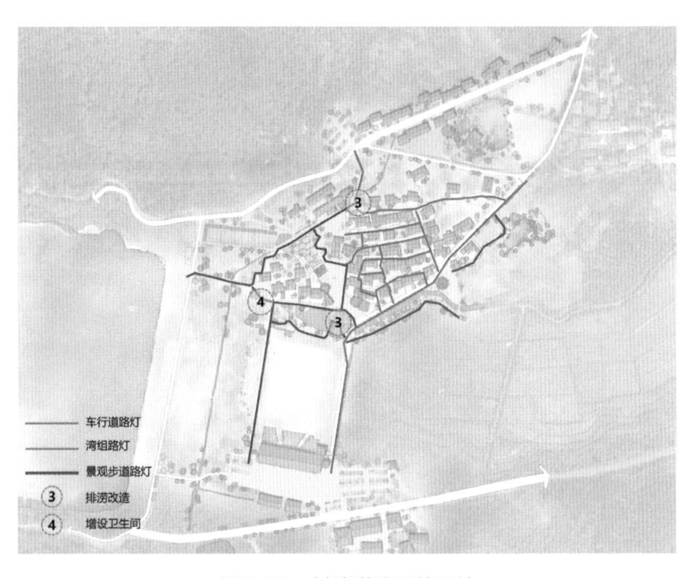

图8-25　村湾道路系统设计

（6）提风貌

从村湾全域的角度，修整建筑立面，美化环境。对村湾民居立面进行调研统计，其中裸砖墙面（5户）、半裸砖墙面（10户）、浅色瓷砖墙面（23户）、深色瓷砖墙面（14户），立面多样影响美观。技术团队针对不同类型提供改进方案，其中裸砖墙面，采用红砖墙面白灰抹面，统一进行主题彩绘；深色瓷砖墙面，统一铺装颜色，建议拆除瓷砖，改为浅色系涂料或砖石贴面。对院墙改造统一改造。统一改建居民生活区围墙，高度约1.2~1.4米；统一修建民宿区围墙，高度约1.2米，并配合院内花池、种植池等进行统一改建（图8-26）。

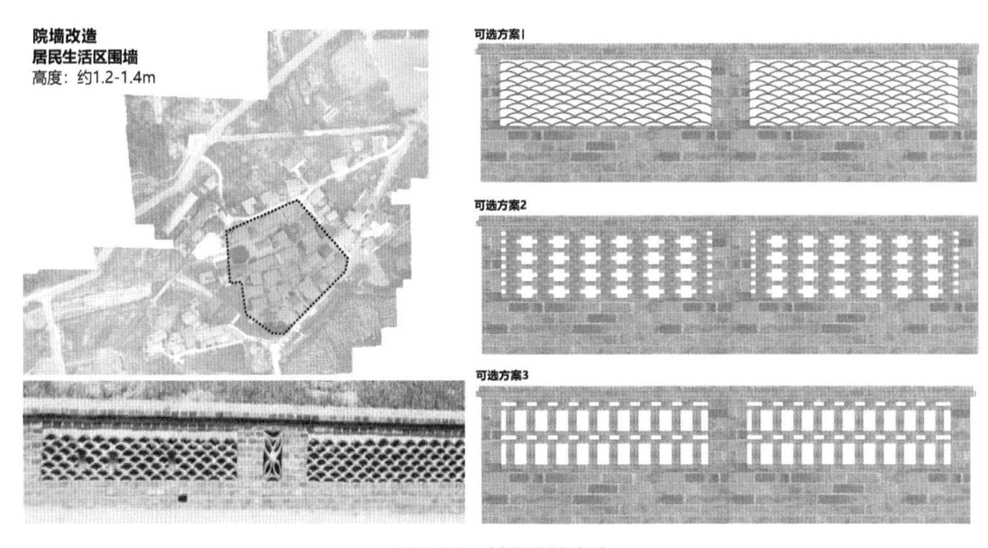

图8-26　村湾院墙改造

8.3.5 完善组织体系，探索治理路径

（1）共同缔造的四级组织体系

大冶市以全国乡村治理体系建设试点县市为契机，积极探索乡村治理现代化路径，创新推进以党建为核心、理事会为平台、“三个中心”为载体的“一核一会三中心”乡村治理模式，形成了“乡镇党委—行政村党组织—村庄党支部（党小组）—党员联系（中心）户”的共同缔造四级组织体系。

保安镇在全市探索的基础上，构建“党支部、党小组、党员中心户、先锋队”的共同缔造四级组织体系，建立了理事会、乡贤联谊会、志愿服务队等群众自治组织，探索出了“选代表、问需求、议方案、定事项、评效果”的推进路径，打造出“七彩党建”，根植“红色基因”、聚焦“橙色关爱”、引入“金色活力”、发掘“绿色环保”、保障“清风正气”、开启“蓝色监管”、孕育“紫色文化”。

（2）动员多方力量参与共同缔造

共同缔造的核心在“共同”，重点在“缔造”，关键在激发群众参与、凝聚群众共识、塑造群众精神。

沼山村创新推出“村党支部＋党小组会＋乡贤理事会”的议事决策机制，组织发动党员、乡贤和社会组织筹资筹劳，引领群众拆除旧房危房、清垃圾、清塘沟、清杂物、新建公共厕所等。组织引导8个湾组村民，开展卫生清洁活动，激发村民参与村庄管理的热情，着力打造清洁示范村庄。在杨文昌湾以清廉村居建设为切入点，组织开展“清廉家庭”“好婆婆、好媳妇”“最美庭院”评选活动。探索出了“党员领责义务管、公益岗位专门管、门前‘三包’共同管”的环境卫生长效管理机制。

沼山村通过党支部学习研讨会、湾组板凳会、在外能人招商恳谈会等活动深入了解村民需求，广泛征求村民意见，推动共同缔造理念逐步深入人心、深得人心。恳谈会邀请了村中的致富大户、外地的能人及乡贤参与其中，把个人的智慧、成果、资源、影响与家乡的发展紧密结合起来，发动他们投工投劳，动员各方贡献力量，共建美好人居环境。动员能人乡贤回乡创业，发动群众入股入社，建基地、办民宿、兴文旅，做大做强乡村产业，目前7个省级试点村湾均实现“一湾一品”“一湾一业”。建立“村集体＋市场主体＋基地＋农户”“龙头企业＋合作社＋农户”“村组村民理事会＋合作社＋基地＋农户”等利益联结机制，制定“联户分红”等收益分红制度，共享产业发展收益。

第9章 共同缔造其他有关案例

2019年9月住房和城乡建设部出台了《关于在城乡人居环境和整治中开展美好环境与幸福生活共同缔造活动的指导意见》，将共同缔造作为改善城乡人居的重要工作方法向全国推广。文件要求以习近平新时代中国特色社会主义思想为指导，坚持以人民为中心的发展思想，坚持新发展理念，以群众身边、房前屋后的人居环境建设和整治为切入点，广泛深入开展“共同缔造”活动，建设“整洁、舒适、安全、美丽”的城乡人居环境，打造共建共治共享的社会治理格局，使人民获得感、幸福感、安全感更加具体、更加充实、更可持续。此后共同缔造在多地都进行了推广与实践，这里选取了湖北省以外的3个共同缔造案例。

9.1 安徽省潜山市万涧村，共同缔造陪伴乡村持续成长

受安徽省住房和城乡建设厅委托，中国城市规划设计研究院在皖南和皖西南地区开展传统村落保护试点探索。位于安徽省安庆市潜山市龙潭乡的万涧村被选中成为试点村落。迄今为止，万涧试点已经持续五年多。

万涧村是第五批国家级传统村落，在试点推动早期，村内大量传统建筑损毁严重、人居环境堪忧、村落人心涣散。经过五年多的实践，万涧村通过组建合作社和施工队、村民成立公益组织开展义务劳动等方式，支持形成了以村民为主体的传统村落保护修缮管理机制，完成6000平方米的传统建筑流转工作，全面支持了杨家老屋、杨家花屋、芮家老屋等传统建筑的修缮工作。万涧试点吸引了社

会公益组织参与村落发展和共建，“萤萤公益书屋”和“青栖堂老年人活动中心”等传统建筑保护修缮项目共计获得慈善捐款 448.8 万元，并在驻村规划师的带领下形成“内力为主，外力为辅”的乡村公共服务设施低成本运维模式。万涧村传统文化得到传承与创新，村民为主体推动的万涧村晚、黄梅戏兴趣小组、诗歌兴趣小组活动丰富多彩。万涧村的杨桂青老书记曾经有一句话描述万涧试点带给村落的变化——“妇女不怕丑了，孩子不怕羞了，老人不怕养了”。

总结万涧五年多的试点工作，我们认为万涧村在共同缔造工作方法上有以下特点。

9.1.1 构建“横向到边、纵向到底、全域统筹”的工作组织架构

（1）市级统筹、专业部门牵头

万涧试点得到了潜山市委市政府的高度重视，并形成了由住房城乡建设局牵头成立的工作专班，协调文化旅游体育局、自然资源局、农业农村局、水利局等各相关部门，统筹市级乡村振兴平台公司协助给予各类支持，乡镇、村两委、村小组、村民理事会，构建“横向到边、纵向到底”的工作机制，统筹多方资源、人力、物力支持万涧村传统村落保护工作（图 9–1）。

（2）基层党建引领，村委带头

万涧村以农村基层党组织建设为主线，发挥党组织带头作用。健全以村党组织为核心的农村基层工作体系，通过完善集体经济组织、传统村落保护组织的

图9–1 “横向到边、纵向到底”的工作架构示意图

建立，在有传统村落相关资源的村民小组推动成立以党员为核心的传统村落保护小组，在党组织带领下使传统村落保护利用工作扎根群众。

根据年度计划，村委主动作为，负责每年传统建筑日常维护支持项目的申报和项目管理工作，并配合住房和城乡建设局完成传统建筑保护修缮支持项目的申报、推进管理工作。

（3）村民理事会、乡村能人和乡贤广泛参与

通过多元丰富的活动组织，宣传传统村落保护理念，弘扬村落优秀传统文化价值，凝聚传统村落保护共识，吸引普通村民、乡村能人和乡贤成为传统村落的内生核心动力。

万涧村组建了回味乡愁农民专业合作社和“涧行者”乡村妇女服务中心（后简称“涧行者”），后者已经正式注册为公益组织。“涧行者”通过带动村民参与村落公益性活动和公共文化活动，为村落老人活动和儿童课后教育提供公益支持，极好的凝聚了村落的人心。

9.1.2 构建社会主体多元参与、利益共享的保护利用机制

万涧村传统村落保护实践经过五年多的探索，逐步形成了“资金来源多样、建设主体多元、运营主体多种”的建设发展模式，搭建了村民、政府、社会资本和社会公益力量等不同主体介入传统村落保护过程中的组织保障机制。

（1）县级平台公司牵头资源整合

舒州乡村振兴发展有限公司是潜山市政府为支持乡村振兴相关工作着手建立的市级平台公司（图 9-2），其不仅是乡村振兴领域的投资、融资平台，还是带动村民和社会多元主体参与乡村振兴工作的项目执行平台。舒州公司的工作内容包括：以项目为单元，以项目投资、运营合作、农产品采购、地方优势公共品牌建设培育

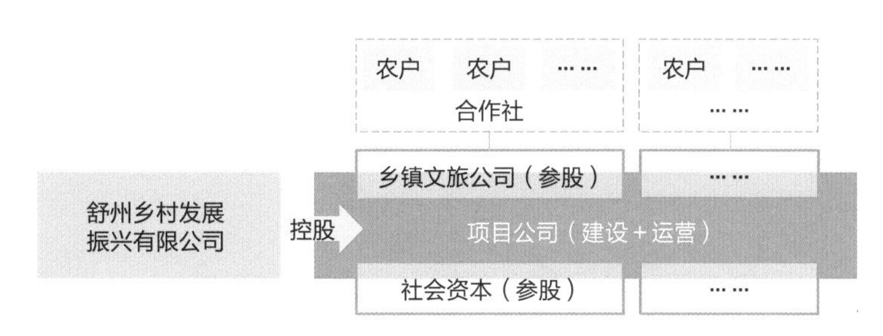

图9-2 舒州公司整合镇、村及外部资源示意图

等方式，吸纳农民专业合作社参与乡村发展，进而带动村民开展传统建筑流转、改造利用和非遗民俗产业化培育工作，以及在保护国有资产、集体资产的前提下，以多方持股、运营托管等方式吸收社会资本参与传统村落保护利用工作等。

（2）村民合作社带动村民乡贤参与

农民专业合作就是引导构建合理的乡村利益分配机制，吸引村民参与传统村落保护相关工作的重要乡村经济体。万涧村驻村规划师鼓励村民自发成立以传统村落保护利用为主题的农民专业经济合作社，并引导村民以合作社为主体推动闲置传统建筑使用权流转，结合村落传统民俗和非遗保护工作，发展乡村农文旅融合产业（图 9–3）。

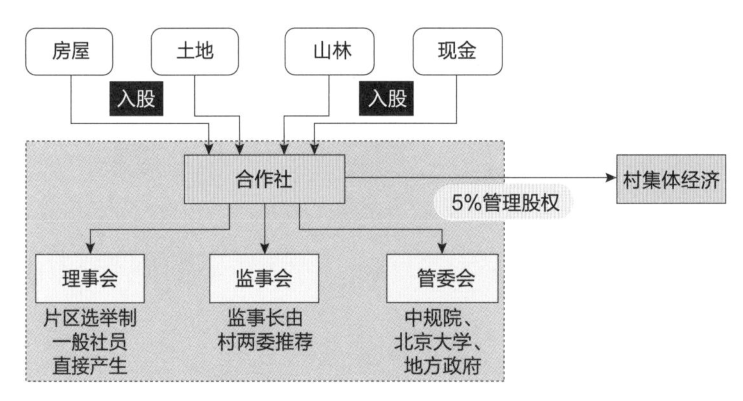

图9–3　传统村落保护利用专业合作社组织方式示例

（3）公益机构、社会团体助力

在潜山万涧村的项目中，规划团队通过发布志愿者招募信息，微信公共平台宣推等方式，吸引对乡村振兴工作感兴趣的社会组织、媒体、志愿者参与乡村建设工作。从村落留守儿童图书馆的日常教学、村民诗歌集的编撰整理、小年夜万涧“村晚”的组织到村落民俗博物馆的内容策展，都以社会多方力量参与的方式顺利开展（图 9–4）。

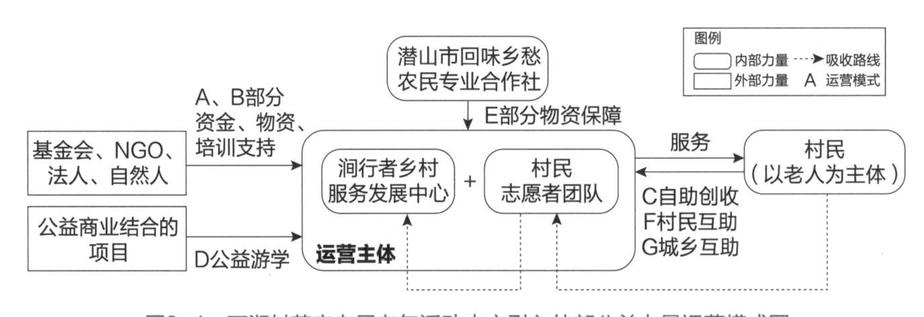

图9–4　万涧村芮家老屋老年活动中心引入外部公益力量运营模式图

9.1.3 形成了一套以“乡村综合性成长”为目标的工作方法

相比传统的规划方法，万涧试点探索了一套“规划引领、以始为终、滚动推进”的“陪伴式”规划工作方法。陪伴式规划不同于传统的蓝图式规划，而是坚持调研与规划的动态结合、规划与社会学学科思想的有机融合，将空间、文化、社会等多元发展目标纳入工作之中，坚持动态的、持续性的规划编制过程，充分考虑农民需求，充分考虑建设实践落地的可能性，将传统的乡村建设改造过程转化为助力村落社会治理能力提升、文化传承创新、村民生计培育的系列“公共事件”并纳入项目行动计划，以事件组织将乡村的建设改造过程转化为村庄发展赋能的过程。对于蓝图式规划而言，规划编制完成后，规划目标和内容能否达成已经与规划团队无关。而对于动态的陪伴式规划，空间规划内容始终根据项目推进情况动态调整，待建项目推进过程也是规划成果。

在万涧村5年试点期间，中规院北京公司的规划团队联合北京大学社会学系持续驻村工作，联动了多个专业、20余家机构推动万涧村保护工作，积累了丰富的机构协作经验。同时，规划团队的坚守也确保了各种力量进入乡村时，价值的综合性、目标的整体性和行动的系统性。这一推动过程采取的新媒体宣推、学术交流等多样化手段，也使得村落保护成果也更为丰富多元。

芮家老屋是一栋地处深山，损毁严重的传统建筑，且不具备商业开发的可能性。结合村内老年人普遍缺乏日常性活动和管护空间的现实需求，规划将其改造后的功能定位为老年人活动中心（目前已经正式更名为青栖堂老年人活动中心）。该项目从启动之初就把项目推动路径设计作为最为重要的一环。从项目建设早期引导村民参观交流、开拓眼界，到发动村民参与垃圾清理、公益广场建设等公益活动，在一次次村落“公共性事件”中，村民的主观能动性被激发起来，村落的公益力量逐渐萌芽并逐步发展为正式的村级公益组织。借助项目建设，同步完成了村落施工队工匠培训，组建了由政府、技术监管方、社会捐赠方和村民四方协作的建设管理委员会，形成了村落工程项目的多元主体监管机制。在项目修缮完成后，驻村规划师和外部志愿者、村内公益组织共同开展的系列公益活动又让村民持续参与关注、讨论支持村落老年人的关爱问题，进而形成了以村民为主体的万涧老人“居家养老”模式。万涧村的传统建筑修缮和人居环境改造项目基本都遵循了芮家老屋的推动模式。在这里，村庄规划的工程项目不再是简单的空间产出，传统建筑保护利用的过程也是提升村庄自治能力、寻找乡村能人、活化村庄文化的过程，传统建筑保护项目成为了带动乡村全面振兴的助推剂（图9-5）。

图9-5　芮家老屋修缮过程

（1）构建了规划引领“2+N”联动多学科、多团体的树形工作模式，将设计真正送入乡村

所谓“2+N”就是以规划学与社会学两个学科团队为核心技术力量，建筑、景观、生态、农业、新媒体等多种专业团队优势互补，政府、资本、社会力量协同共建的工作模式。乡村规划是空间规划，也是社会治理规划，因此，我们始终坚持多学科协同的乡村规划工作方法，尤其是强调社会学家和规划师的紧密合作。以此为基础，试点项目汇集了社会学、人类学、建筑学、景观设计、投融资、生态环境保护、新媒体传播、产品设计等不同领域的专业人才，协同开展相关探索（图 9-6）。

（2）构建设计、建设、管理一体化的协同机制

乡村建设应该是共建而非政府“单干”。在潜山市委市政府的支持下，规划师、社会学者、乡镇政府、村委组建了指导村民合作社发展的联合管理委员会，同时各方以周例会制度、多元监督等协同机制助力乡村规划的落地实施。

万涧村的建设资金来源于政府、社会团体和村民等多个主体。村里的民宿

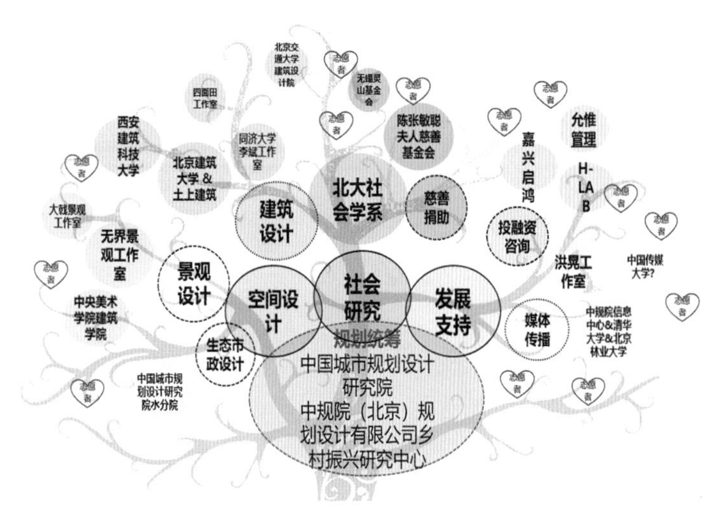

图9-6　万涧试点的树形工作模式图

装修运营和金丝皇菊等生态农业种植来源于村民以地、以房入股和合作社集资；村内的留守儿童图书馆和老年人活动中心建设项目来自于公益捐款；村落的传统建筑修缮和河道治理、道路建设来自于政府拨款。通过规划团队的努力，万涧村的建设发展实现了多元人力物力的统合，合计节约政府保护资金640余万元。

9.1.4　明确村民作为核心力量推动的传统村落保护模式

万涧试点始终强调农民的主体性地位，并以村民为核心力量实现了村落内资源的高效组织，人力、物力、财力运转的多快好省。万涧试点在产业、环境、治理、文化多个方面都强调了农民的主体性作用。

（1）农民是产业组织的主体

规划团队协助万涧村民成立了以传统村落保护为主要任务的农民专业合作社（图9–7），带动全村70%以上的村民以房屋、土地、现金等方式入股，共筹集建设发展资金50余万元，完成了约6000平方米的传统建筑流转工作，整合了全村2/3以上的废耕土地，合计为村民新增收益200余万元。2020年，合作社经营的各类产业项目盈利持续稳定，仅生态金丝皇菊一项年收益就在30余万元（图9–8）。在没有太多外力援助的情况下，普通村民借助自己的社会网络搭建起来的销售平台完成了96%的销售率。万涧合作社真正实现了覆盖村民广泛、带动村民有力，将村民的发展诉求和村落的保护目标有机统一。万涧试点之所以能够

图9-7　万涧村回味乡愁农民专业合作社成立大会

图9-8　万涧村金丝皇菊花田采摘

实现对村民的有效组织发动，在项目早期，得益于其构建了“村委+合作社”的两级利益平衡机制，一方面，使得合作社在接受村委领导的同时，保持生产决策的相对独立性；另一方面，通过设立村集体管理股的方式，架构了村内的利益平衡关系，让未入社的村民也能支持合作社的发展。在项目中后期，为了保障村落面向社会投资时能保持相对平稳的态势，能以循序渐进的方式将市场化力量引入乡村，在地方政府的支持下，中规院（北京）规划设计有限公司下属全资子公司和政府文旅投资公司、村民合作社共同成立了股份公司，以此带动村民熟悉市场规则、参与市场运营、学会与外部合作。

（2）村民是乡村空间环境建设的主体

万涧试点探索了以村民为主体的传统村落保护修缮模式，万涧村村民自行组建传统建筑修缮施工队并接受技术培训（图 9-9）；政府出台乡村规模以下建设项目简易工程管理办法，支持村民施工队可以参与承担技术难度不高的村落环境改造工程和部分传统建筑修缮工作。村内成立联合建设管理委员会制度，由村民参与村落工程日常监督工作。省级文物保护建筑杨家老屋建筑面积达到 2643 平方米，涉及四十余户产权，政府有意调度资金修缮却因其产权过于复杂、修缮成本过高而有所犹豫。后经合作社牵头，杨家老屋在短短三个月的时间内以极低的价格完成流转，村民参与老屋修缮和日常监管且自发捐献家里的老物件，让这一栋明代老屋实现了从濒危房屋到民俗博物馆的华丽变身（图 9-10）。经测算，通过项目分类施工、组建村级施工队、形成联合建设管理委员会制度、规模以下建设项目简化招投标流程四项措施联动，可以节约 30%~50% 的建设保护资金。据统计，万涧试点已投入的保护资金中，政府资金仅占 50%，其余均来自于社会帮扶和村民协力，实现了以更低的成本投入实现更高效的保护的目标。

图9-9　村民向“2019随行潜山·传统村落工作营”师生学习搭建竹建筑

图9-10　村民施工队参与杨家花屋修缮工程

（3）乡村公共性事务管理更要强调村民的主体性

由于大量传统建筑不具备商业开发价值，如果转化为公共用途，其运维管理又是难题。万涧村萤萤公益书屋项目和青栖堂老人活动中心均为传统建筑改造利用项目，萤萤公益书屋由留守儿童自选小馆长（图9-11），留守妇女做轮值班主任，青栖堂由年轻老人服务年长老人（图9-12），在村民自主管理的基础上，外部公益组织和志愿者予以帮扶，破解了乡村公共服务设施运维难题，为许多没有商业价值的传统建筑保护利用找到了出路。

图9-11　萤萤公益书屋六一亲子活动

图9-12　青栖堂老年人活动中心老人聚餐

在驻村规划师的引导下，潜山万涧村的留守妇女成立了“涧行者”妇女公益组织（图9-13），担负起重阳节敬老、节庆晚会、庭院美化、书屋管理、环境清洁等村落大大小小的公共性事务，乡村治理水平得到显著提升。

图9-13　万涧村由留守妇女组建的村级公益组织——涧行者

（4）村民也是村落文化传承和活化的主体

在驻村规划师和“涧行者”的带动下，村民组建了舞蹈队、黄梅戏兴趣小组和诗歌兴趣小组且成果丰厚。村民拥有了乡土认同感和文化自信，就拥有了无尽的创新潜能。乡村文化的传承和创新也对传统村落的物质空间保护提供了更为坚实的民意基础、更为丰富的内涵价值和功能可能性（图 9–14、图 9–15）。

图9–14 黄梅戏兴趣小组在青栖堂表演

图9–15 万涧村的孩子们过花灯节

陪伴式规划不是简单的蓝图式规划，而是以人为中心的落地型规划。陪伴式规划以 3–4 年为周期、可以根据项目推进情况动态调整规划内容，其将规划建设项目拆解、策划为能够推动村落社会治理能力提升、文化传承创新、村民生计培育的一系列“公共事件”，使规划过程切实转化为乡村产业、文化、社会治理全面振兴发展的过程。为此，陪伴式规划应坚持以终为始，坚持乡村发展目标和规划目标的合一，坚持调研和规划互为支撑、互为前提的工作方法，坚持通过动态调整规划内容，持续寻找解决方案，助力乡村实现发展目标。

根据项目团队在万涧村五年的规划发展实践，我们将万涧的陪伴式规划总结为“规划引领、社会协同、农民主体”三条技术要点。

一是通过把握乡村留守儿童，留守老人，留守妇女和中老年村民四类核心群体的诉求，以规划为引领，针对性谋划“萤萤公益书屋”“青栖堂老年人活动中心”“杨家花屋青年旅社”“金丝皇菊花田”等建设发展项目，策划了多样化的活动组织，导入不同的专业力量，以村民为主体探索了“山区儿童课后教育”“山区老人居家养老”“村级公益组织在地化服务”“公益 + 商业”协作等乡村发展和治理模式，为村庄整体发展赋能。

二是形成了以产业、空间、机制互为支撑的项目推动逻辑，以规划为主线，实现了资源和资本的高效整合，探索了低成本、具有可持续内生力量的传统村落保护与乡村振兴模式，真正实现了资金投入量不大、有内生动力、有合理的利益分配机制、贴合农村现实发展路径、符合市场经济发展规律。

三是搭建了完整的“外部力量引入＋内部力量培育”的资源整合方案，为规划实施提供了坚强后盾。万涧的陪伴式规划始终强调“村民的主体性”地位，同时，我们认为构建村民、政府、社会资本和公益力量等不同主体互为支持的协作架构是保障村民主体性地位的重要支撑。村民、技术方、资本方、政府方、志愿者、捐赠方等在乡村建设过程中，在不同阶段扮演重要的推动性角色。陪伴式规划在强调村民的主体性地位的同时，也需要以辩证的态度对任何一个角色的过度强化保持谨慎，这也正是对规划师综合统筹能力的极大考验。在这样的过程中，需要足够的共情，需要理性的思考，更需要对问题走向的洞悉力。我们在既往纸上谈兵的规划中所积累的经验，远不足以应对复杂的现实情况。“保持谦卑”和“坚守原则”之间的边界为何，恐怕只有经过实战的积累才能逐渐有所感悟。

9.2 贵州省黎平县堂安侗寨，共同缔造推动传统村落保护利用

传统村落是农耕文明传承过程中逐步形成的，有着独具地域特色、民族风格和乡土文化的乡村聚落。传统村落的空间格局、特色风貌、历史建筑是保护的对象，而作为活态的文化遗产，这些特色本质上是居民生产生活方式在空间上的反映，因此传统村落的保护与利用关键是要激发村民的内生动力，形成可持续的社区支撑模式。

贵州省黎平县堂安村是首批国家级传统村落，以原生侗寨、梯田景观为特色；中国城市规划设计研究院村镇所承接了堂安传统村落保护与利用项目。技术团队从认识分析堂安传统村落的特色与问题入手，形成包含村落整体保护、新居民点布局、设施升级、风貌整治等等多方面内容的详细规划；规划的实施则以驻村帮扶、共同缔造激的方式推进，通过理顺村民组织、开展非遗活动、整治村庄环境等活动，让村民成为村落保护与发展的主体激发内生动力，渐进式推动传统村落的保护与复兴。

9.2.1 醉美梯田，原生侗寨

堂安侗寨 2012 年首批入选中国传统村落名录，保存了与自然环境和谐共生的关系、完整的村镇格局以及丰富的非遗活动与传承，因此也成为中国与挪威合作建设的侗族原生态博物馆。

（1）梯田云海，村景一体

堂安侗寨背靠青山，面向梯田。寨后山上保留了杉木、枫树、松树为主的原生植物，形成天然屏障；村寨脚下梯田层叠，有着“朝看云海暮看霞，层层叠翠入眼佳”自然梯田风光（图 9–16）。

（2）鼓楼民居，原生侗寨

堂安侗寨格局完整，以鼓楼、萨坛为主构成村落的核心公共空间。鼓楼是侗寨的标志也是公共活动中心，萨坛供奉着萨姆（侗族人信仰的神灵），每年的农历二月，都要举行盛大的祭祀仪式（图 9–17）。

图9–16　堂安侗寨航拍鸟瞰图

图9-17　堂安侗寨鼓楼核心区照片

以鼓楼为中心，以自然地形和水塘为防火隔离带，村寨形成七个组团。寨内传统侗族民居沿着街巷，顺应坡地自然排列，鳞次栉比，错落有致。村民住房以传统“干栏式”木质民居建筑为主，建筑层层出挑呈现“倒金字塔”形，朝向主街的一面有栏杆、外廊等出挑丰富的空间层次。建筑就地取材以杉木为主体结构，结合地形以片石砌筑基础和平台；木、石混合，形成特有的古朴风貌，统一而不单调（图 9-18）。

图9-18　堂安村吊脚楼

（3）非遗传承，民族风情

侗族人民能歌善舞，侗族大歌是国家级非物质文化遗产和联合国人类非物质文化遗产代表作名录。堂安侗族完整传承了侗族的风俗习惯，每年的侗年、六月六、八月十五等主要节日都会举行侗族歌曲、侗戏的表演，也会邀请兄弟村进行友谊赛。

此外堂安侗寨至今还传承着蓝靛靛染、刺绣、破篾、捶布、编竹筐、制芦笙、制琵琶、制牛腿琴等侗族传统工艺，在堂安可以体验到原生态的侗族生活与非遗传承（图 9-19）。

图9-19　堂安侗年活动照片

9.2.2　共同缔造，激发活力

（1）完善组织，发动村民

有效组织村民是开展共同缔造活动的基础。因此技术团队与驻场规划师通过多次召集村两委、村民代表开会，结合侗族原有房头、宅老的组织，形成村民理事会；并根据工作分工，以有技术能力的木匠为基础，形成 4 个具体工作队（图 9-20）。

图9-20　村民理事会会议与鼓楼议事会

（2）规划共谋，达成共识

传统村落的保护利用规划既是村庄未来发展的蓝图，也是村落治理的重要平台。堂安传统村落保护利用规划在把握堂安特色的基础上，充分考虑村民分户的需求，通过规划新居民点疏解居民分户建房的需求，保障传统村落的格局；梳理出泉水观光带、民宿体验街等核心空间发展特色文化旅游；同时利用闲置农房引入民宿、特色工艺体验等新业态，促进乡村振兴。规划编制过程中通过入户走访了解村民需求，方案宣讲征集村民意见，并协调政府以及有意向的社会投资者等，达成共识（图 9–21）。

（3）节庆活动，凝聚人心

丰富的节庆活动是侗族特色，也是组织凝聚民心的最好时机。项目组利用侗年节活动，与村委会合作组织了“堂安村侗年节暨共同缔造活动”，前期组织村民共同排练节目，布置表演场地，活动后组织村民进行环境卫生清扫，有效地宣传了共同缔造的思想与方法，进一步培育村民参与村庄公共事务的意愿与能力（图 9–22）。

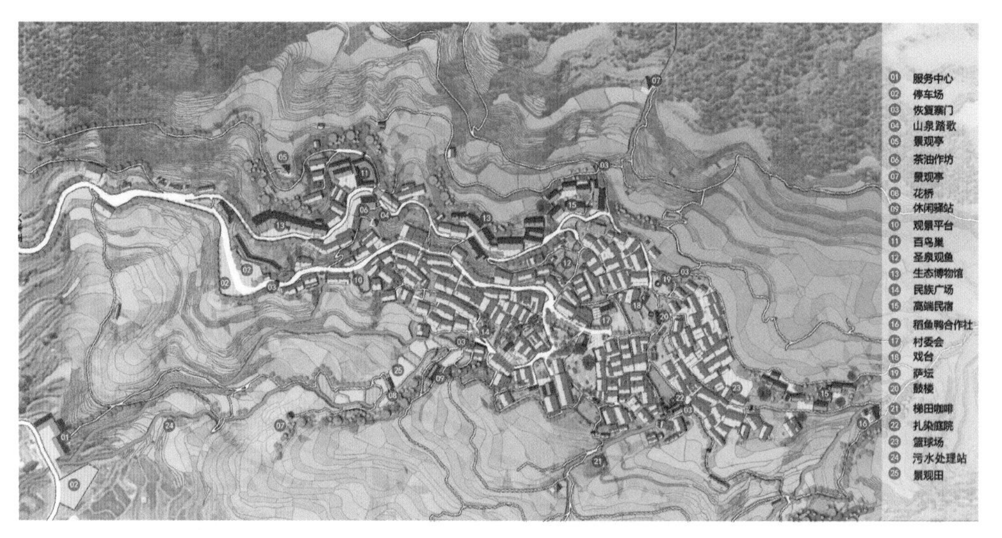

图9-21　堂安传统村落规划设计总平面图

图9-22　侗年节暨共同缔造活动照片

（4）设施共建，环境整治

从村民最容易达成共识的水井周边的公共区域入手，村两委带队，组织村民开始修缮石墙，加装护栏共同保护村内水源。进而对村内主街上不符合风貌管控要求的栏杆扶手等逐步进行替换，修缮寨门，共同完成环境整治提升。

9.3 新疆阿克苏乌什县托万克库曲麦村，共同缔造夯实文化认同，推动村庄发展

新疆阿克苏地区托万克库曲麦村环境品质提升规划是2020年度中国风景园林学会送设计下乡工作成果。本次规划旨在贯彻党中央国务院关于乡村振兴的指示精神，落实住房城乡建设部和中国科协关于送设计下乡，开展科技志愿服务的部署要求。

选取典型乡村，针对人居环境、景观风貌等方面的需求，组成多领域专业团队，编制规划设计方案，助力乡村发展。认真落实第三次中央新疆座谈会精神，聚焦阿克苏乡村地区社会长治久安、乡村经济发展振兴、村民文化素质提升等要求，基于村庄发展现状和诉求，突出问题导向，以乡村环境品质提升为切入点，提出发展愿景和策略，为当地人民的幸福生活贡献风景园林工作者的力量。

9.3.1 村庄概况

托万克库曲麦村隶属于新疆阿克苏地区乌什县阿合雅镇，距离乌什县城15公里，距离阿克苏市区60公里。全村维吾尔族占99.76%，是一座典型的南疆少数民族聚居村。全村总面积约414.6公顷，村民约1700人，其中建档立卡贫困户达到662人，曾是国家级深度贫困村。近年，经过各级政府持续治理，村民生活条件有一定改善，但经济发展乏力，集体经济薄弱，村庄风貌有待提升，村民生活改善愿望强烈。

（1）村庄周边自然环境优美

村庄紧临托什干河，具有得天独厚的自然条件和地理位置。托什干河河道宽阔，河水清澈，两岸自然风景优美（图9–23）。河滨两岸稻田连绵分布，广阔无垠，村庄周边果树成片，生态本底良好。从村庄高点向北望，可以远眺托木尔峰终年皑皑的积雪，山峰云缠雾绕、景象十分壮丽。唐朝诗人李白曾用“明月出天山，苍茫云海间”描绘托木尔峰独特而壮丽的雪山风光。

（2）村庄产业发展初具规模

从村庄产业发展来看，村内实训基地建设已经初具规模，同时也同步发展建设了县级创业园、夜市，村办企业等，产业发展已初具规模。近年，阿克苏地委组织部重点帮扶，在村内建设干部培训基地，为村庄未来发展提供了核心支撑。

图9-23　托万克库曲麦村自然环境优美

9.3.2　以“党建+”模式有序推进乡村振兴

工作开展基于村庄区位特点、产业基础、文化特点等，进而确定村庄发展定位、策略和任务，并基于此对空间进行布局和优化。基于村庄实训基底建设具有的先发优势，提出把村庄打造成为新时代文明实训示范基地、新时代乡村振兴示范村的目标定位。近期以建设实训基地为抓手，推动村庄教育实训产业全面发展，并在此基础上持续推动村庄美丽乡村建设、发展乡村旅游，促进产业升级，实现乡村振兴。为有效落实规划思路，提出强实训、优环境、融旅游、促升级的规划策略，通过农商文旅综合发展，有序推进乡村振兴（图 9-24）。

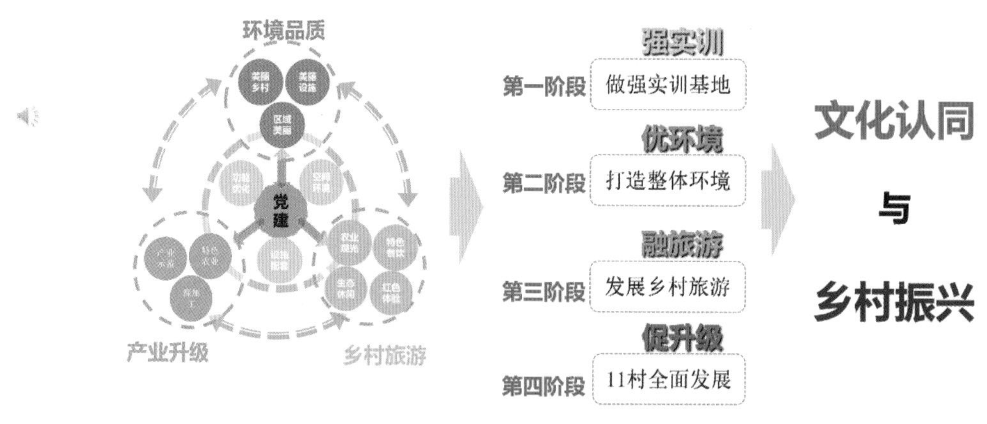

图9-24　规划理念及思路

托万克库曲麦村是南疆地区的少数民族聚居村，村庄背景复杂，开展工作难度较大。项目组在工作过程中，充分开展前期调研和座谈工作，掌握县、镇、村各级的关切和诉求，将规划与当地发展思路和布局充分融合。同时，广泛听取村民意见，除进行规划编制外，利用文化认同、交流互动等方式拉近与村民的距离，从而使项目顺利推进，得到村集体和广大村民的一致好评。

（1）坚持文化认同，以“实训+”的模式探索南疆地区农村转型发展新思路

规划工作深刻而全面的认识南疆农村工作特点，紧紧围绕筑牢中华民族共同体意识，针对性的提出了“实训+”的村庄发展模式，即以建设党建实训基地为抓手，推动村庄教育实训产业全面发展，在实现文化认同的基础上，有序实现乡村振兴。

托万克库曲麦村依托地区党员干部人才实训基地建设，形成建设新时代文明实训示范基地和乡村振兴示范村的目标。实训基地在现有建设规模下，通过对比现现代大学空间、功能的构成模式，完善实训基地功能，进一步完善硬件功能和设施设备，增加教学、生活、活动相关设施，实现基地同时满足教学需求、生活需求以及实践需求三重需求。加强基地环境建设，将基地升级打造成环境优美的书院式实训园区。规划将实训基地与周边资源整合梳理，将村委会与夜市集市统一纳入功能区域，优化整体布局，集中打造主题展馆、主题广场、演艺大厅、游客中心等设施，补充完善休闲游憩和旅游功能. 把该片区打造为村庄核心功能的集中承载区和向外界的展示窗口。

同步做好实训基地相应的拓展服务，在开展党员干部培训的基础上，逐步增加开展三农人才培训、青少年研学实践、承接商业培训、企业年会，推进托万克库曲麦村实训教育产业规模化、商业化发展。党性教育基地于2021年开始投入使用，实现培训人数4500人，成为地区推进干部队伍建设的重要平台和推动村庄产业振兴的主要动力（图9–25）。基地同步开展村庄系列节日庆祝活动，促进各族村干部与村民的团结友谊。2024年，基地开始尝试丰富夜经济发展，每逢周五、周六以及周日的夜晚基地对外开放，村民自发在这里开展丰富多彩的文艺表演，售卖品类齐全的民族小吃，以实训基地建设带动村庄整体发展的“实训+”模式得到村民的广泛好评，走出了一条以党建为抓手，促进农商文旅融合发展，实现乡村振兴的特色之路（图9–26）。

（2）以人为本，聚焦南疆农村地区人居环境改善

伴随村庄活力的提升，设计团队基于对村民入户访谈，提出美丽院落与美丽村落打造，进一步提升村庄人居环境（图9–27）。美丽院落提升工作在村民传统

图9-25　实训基地开展多形式干部培训

图9-26　实训基地开展节日庆典活动以及"小夜市"活动

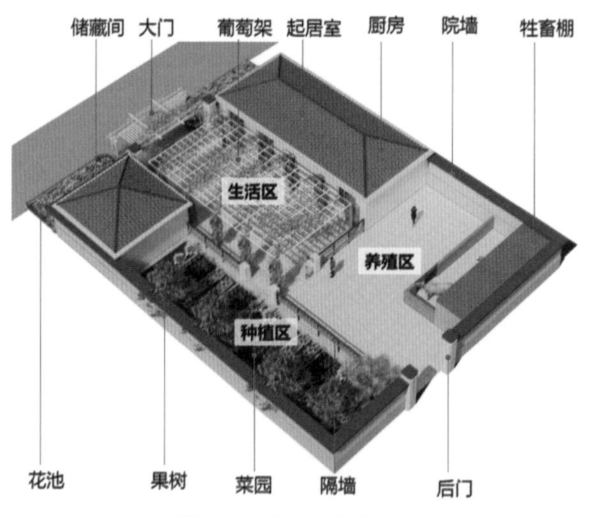

图9-27　美丽院落改造图

图9–28　村民院落改造前后对比

“三区分离”院落布局模式的基础上，优化人居环境与功能布局。通过对自家葡萄架、果园改造，打造花木掩映、户美庭净的农家院落（图9–28）。

美丽村落提升工作则通过对区域范围内村庄生态格局的关系的梳理，整体塑造沃田为底、水网为脉、林带环绕的村落基底环境，践行绿水青山理念，保护好村庄的生态本底，塑造村庄的优美生态环境。规划设计团队对村庄周边生态敏感度较高的滨河湿地片区进行了详细设计。该片区在严格保护的基础上，在滨河区域适度开展与生态展示、生态教育相关的游憩活动。依托现有稻田、水渠、林地、坑塘开展与农业观光、农耕体验相关的旅游活动。规划在严格保护托什干河河流生态空间的基础上，适当设置游步道等休闲游憩设施，并依托现有稻田、水渠、林地、坑塘开展相关旅游活动。在滨河湿地区域，加入湿地认知、观鸟等景观休闲游憩活动。在滨河稻田区域，融入田园教育、农耕体验等旅游游憩活动、并策划稻田丰收节等艺术活动。

对村庄街巷、门前屋后环境开展系统性治理工作，整体提升村庄环境品质。针对少数民族能歌善舞的特点，提升村庄公共空间环境，满足村民日常活动需求，提升村民的幸福感。

（3）贯彻共同缔造理念，探索农村地区规划服务的创新模式

规划帮扶工作是一次长期可持续的社会服务实践活动。通过现场踏勘、入户走访座谈（图9–29），项目组与村民一起学习领会新时代党的治疆方略，共同完成本次规划设计，共同讲好新疆故事。在项目开展过程中，项目组还通过策划丰富的联谊活动，如开展图书捐赠（图9–30）、联合文艺汇演（图9–31）以及邀请村民代表来北京参观访问等活动，拉近与村民的距离，加深与村民的交流，设计人员与当地村民结下了深厚友谊。时至今日，项目组始终伴随着村庄共同成长，持续为村庄振兴助力，为村民过上幸福的生活贡献力量！

图9-29　拉家常式沟通访谈

图9-30　开展图书捐赠活动

图9-31　开展联谊文艺汇演

后记

本书由张立群组织策划、确定架构和统稿。各章主要执笔人如下：第 1 章所萌、赵明，第 2 章邓鹏、曹璐，第 3 章曹璐、凌云飞、孔晓红，第 4 章孔晓红、邓鹏，第 5 章鲁坤、孔晓红，第 6 章丁洪建、石炼，第 7 章凌云飞、赵明，第 8 章赵明、邓鹏，第 9 章张婧、曹璐、宋知群。

本书之成，感谢中国城市规划设计研究院柏林寺村美好环境与幸福生活共同缔造试点技术团队的辛勤工作，探索形成了可复制、可推广的经验。技术团队包括院科技处、村镇所、水务院、风景院、信息中心和北京公司建筑所。

感谢住房和城乡建设部村镇建设司对美好环境和幸福生活共同缔造试点工作的指导和帮助！同时，对派驻红安县挂职干部、红安县和柏林寺村干部群众，以及对开展共同缔造试点工作和本书编写给予支持和帮助的人士一并表示感谢！